IBM Q^uantum で学ぶ 量子コンピュータ

PythonとQiskitでプログラミング!!

著 湊雄一郎／比嘉恵一朗／永井隆太郎／加藤拓己

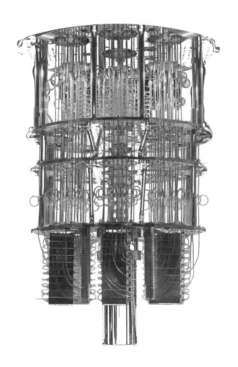

秀和システム

●サンプルプログラムのダウンロードサービス

本書で使用しているサンプルプログラムは、以下の秀和システムのWebサイトからダウンロードできます。

https://www.shuwasystem.co.jp/support/7980html/6280.html

●注意

(1) 本書は著者が独自に調査した結果を出版したものです。

(2) 本書は内容について万全を期して作成いたしましたが、万一、ご不審な点や誤り、記載漏れなどお気付きの点がありましたら、出版元まで書面にてご連絡ください。

(3) 本書の内容に関して運用した結果の影響については、上記(2)項にかかわらず責任を負いかねます。あらかじめご了承ください。

(4) 本書の全部または一部について、出版元から文書による承諾を得ずに複製することは禁じられています。

(5) 本書に記載されているホームページのアドレスなどは、予告なく変更されることがあります。

(6) 商標
本書に記載されている会社名、商品名などは一般に各社の商標または登録商標です。

はじめに

　量子コンピュータは、現在のコンピュータの計算原理を拡張した次世代のコンピューティング技術です。現在の半導体の微細化技術の限界によって、近い未来に現在のコンピュータの性能限界が訪れると言われており、量子コンピュータは次世代の私たちの生活を豊かにし、便利にするために必要不可欠な技術となってきました。

　量子コンピュータには、現在のコンピュータの機能を引き継ぐ以外にも、現在のコンピュータでは原理的に難しい計算を、量子力学の計算原理を応用することによって実行したいという目標もあります。

　本書では、現在わかっている範囲で量子コンピュータの計算手法について簡単に説明します。また本書の特徴として、量子力学の難しい知識がなくとも、コードを実行するなど、実際に手を動かしながら学ぶことを通じて、それらの計算手法を理解することができます。

　量子コンピュータを学ぶためのツールは日々すごい勢いで発達しており、ツールをうまく使いこなすことによって、以前よりも早いペースで量子コンピュータの計算原理を理解し、実際に動かすことができるようになりました。

　本書を活用することによって、効率的に量子コンピュータのプログラミングを学び、今後の新しい量子コンピュータの活用を切り拓けるようにお手伝いできれば幸いです。

2021年2月

湊雄一郎

本書の使い方

　本書では、IBMのライブラリQiskitの実行を通じて量子計算を学びます。

　1章と7章は、量子計算について俯瞰した内容となっています。

　2章にて本書で必要となる量子計算の数理を、3章にて量子計算におけるプログラミング方法について説明します。

　4章から6章では、様々な量子計算アルゴリズムをサンプルコードと共に学びます。2章と3章の知識を前提としているため、アルゴリズムやコードのところでわからないことが生じたら、適宜、2章や3章に立ち返りながら読み進めてください。また、4章と5、6章は大きく性格が異なるアルゴリズムを扱うため、より興味のひかれるところから読み進めてください。

開発環境

・量子計算クラウド環境：IBM Quantum Experience
・フレームワーク　　　：Qiskit
・プログラミング言語　：Python 3.6以降
・コード実行環境　　　：Jupyter Notebook

対象読者

　本書はPythonプログラミングを通じて、量子コンピュータのアルゴリズムやアプリケーションを学びたいという、主にエンジニア向けに書かれています。また、プログラミングは苦手だが、仕組みを理解するためには手を動かしたいという方にも最適です。量子コンピュータは、そのハードウェアも黎明期にあるためソフトウェア開発環境が完全には整備されていません。ソフトウェアやアルゴリズムの開発には多少の数学も必要になるので、自分の理解度と相談して少しずつ進めてください。

　本書は以下のスキルを持つ読者を想定しています。

・ある程度Pythonのプログラミング経験がある
・大学の基礎数学の知識がある

目次

Chapter1　量子コンピュータとは？

Chapter2　量子コンピュータの数理

Chapter3　IBM Quantumを使った量子計算

Chapter4　Qiskitを使った汎用量子計算

Chapter5　量子古典ハイブリッドアルゴリズム

CHAPTER
1

量子コンピュータ
とは？

　本書は実践的な内容を中心にまとめられており、量子コンピュータの理論的な説明については深掘りをしない方針です。その代わり、現在の量子コンピュータや将来の量子コンピュータにおけるアルゴリズムやソフトウェアの概要を端的にまとめ、最初にどの分野を学べばよいのかを効率的に把握できるように、学習の優先順位をつけています。まだ量子コンピュータのソフトウェアの活用は始まったばかりで、種類は多くないため、いまのうちに効率的に学習することで、今後も見通しよく学習を進めることができます。1章では、これから学習する量子コンピュータのソフトウェアに対する、俯瞰的な視点を持ってもらうことを目的としています。

01 量子コンピュータ とは？

　近年、量子コンピュータと呼ばれる新しい原理で動作するコンピュータが話題となっています。半導体の微細化の限界により、既存のコンピュータ（量子コンピュータの文脈では古典コンピュータとも呼ばれます）の性能向上の指標であるムーアの法則の終焉がささやかれる一方、世界中ではデータの利用や処理量が増大しています。そのような需要と供給のアンバランスを解消するための、次の一手として量子コンピュータが注目されています。

1　量子力学と量子コンピュータ

　私たちの日常生活のルールとは異なり、**量子力学**のルールに沿って設計されたのが**量子コンピュータ**です。量子コンピュータはナノサイズ以下の世界で顕著になる物質の波動性を用い、様々な計算過程を重ね合わせられる、そして測定結果が確率的に得られる、という2つの量子力学における特性を活かして高速な計算を行うことを目指しています。本書では、量子力学や量子コンピュータの原理については最小限の説明にとどめ、それを利用してどのような計算ができるのかを中心とした実践的な内容を重視しています。

2　量子コンピュータのハードウェア

　量子コンピュータの開発については、1980年代からハードウェア不在の状態で初期のアルゴリズムの研究開発が続いていました。2000年代に入ると量子コンピュータは実験室の中で徐々に実現可能なハードウェアとして研究開発がなされ、2010年代に一気にハードウェアの開発が進みました。2020年の現在ではハードウェアメーカーが、複数の量子コンピュータの商用マシンの本格稼働に向けて開発を行なっています。

3　イオントラップ方式

　量子コンピュータのハードウェアについては、現在、汎用量子コンピュータと呼ばれる汎用的に利用できるマシンの開発が本格化しています。本書は、超伝導方式の量子コンピュータの中でもシェアを拡大しているIBM社のマシンとプログラミングツー

ルについて解説しています。現在、注目されている超伝導方式の他には、イオンを用いた**イオントラップ方式**や、光を利用した**光量子コンピュータ**などがあります。超伝導方式とイオントラップ方式は、問題の基本的なプログラミング方式は同じです。一方、光量子コンピュータは上記2つと計算原理およびプログラミング方式が大きく異なるため、本書で扱う範囲からは外れます。ただし超伝導・イオントラップ側の汎用量子コンピュータの方式が現状では主流のため、当面は本書の内容で十分といえます。

4　量子コンピュータと古典コンピュータの関係

　量子コンピュータにはコンピュータという名前がついていますが、量子力学の原理で「動く」ということ以外にも、古典コンピュータとの違いがあります。その違いの1つがQPUです。古典コンピュータは、CPUと呼ばれる演算装置やメモリ、入出力装置といった複数の要素で構成されていますが、量子コンピューターはQPUと呼ばれる演算装置のみで構成されます。

▼図1-1　量子コンピュータIBM Quantumの外観

画像出典：日本IBM（オリジナル画像を白黒で使用）

量子コンピュータは演算装置のみで構成されているので、量子コンピュータ単体で計算を実行することが難しく、古典コンピュータと併用することが基本となっています。

　例えばデータの入出力やそれに伴う前後処理、データの保存、QPUの制御など、多くの部分で古典コンピュータを必要とします。あるアルゴリズムの処理を量子コンピュータと古典コンピュータで分担するといった使い方もあります。

　こういったことから、量子コンピュータは古典コンピュータと切り離して考えることはできず、併用する存在となっています。

5　アルゴリズムとソフトウェア

　量子コンピューターを題材として演算を行う解説の中で、量子アルゴリズム、量子ソフトウェアという文言がよく登場します。量子コンピューターの基本的なソフトウェアは、アルゴリズムから構成されており、複数のアルゴリズムを組み合わせてソフトウェアを作ったり、特定のソフトウェアのサブルーチンとしてアルゴリズムを利用したりします。

　本書ではアルゴリズムとソフトウェアを明確には分けていませんが、量子ゲートと呼ばれる基本的な論理演算処理の組み合わせをアルゴリズムと呼び、そのアルゴリズムを複数組み合わせることで複雑な計算ができるプログラムをソフトウェアと呼ぶこともあります。

　また量子コンピュータと古典コンピュータによる処理を組み合わせることで量子アルゴリズムや量子ソフトウェアを構成することもあります。業界ではそれらを含めたアルゴリズムとソフトウェアの明確な区別はまだされていません。

6　量子コンピュータのソフトウェアの活用方法

　量子コンピュータのソフトウェアを活用するためには、まず量子コンピュータで解決したい課題の設定を行います。そして設定した課題に適したアルゴリズムやソフトウェアを検討します。

　候補とすべき量子コンピュータのソフトウェアやアルゴリズムの種類は現時点ではそう多くないため、課題設定をした時点で利用すべき量子コンピュータのソフトウェアやアルゴリズムが自ずと決まります。

　現時点で量子コンピュータの利用先として想定される計算には、次の4種類があります。

・量子化学計算における固有値計算
・組み合わせ最適化問題 (多数の組み合わせから最適なものを選ぶ計算)
・金融計算 (モンテカルロ シミュレーションと呼ばれる手法による)
・量子機械学習 (量子計算のメリットを機械学習一般に役立てることを目指す)

　本書の例題を一読し、設定された課題をもとに利用すべき量子コンピュータのアルゴリズムやソフトウェアを選択することで、現時点でも一定のサイズの問題を解くことができます。サイズは現在利用可能な量子コンピュータの規模や性能によって限界が決まりますが、ハードウェアの発達にともない将来的にはより大きな問題が解けると期待されます。

7　ソフトウェア開発キット

　精密機械である量子コンピュータの本体は、その開発が行われている研究室の中に置かれています。私たちは、インターネット上のクラウドサービスを介してIBM社のマシン本体へのアクセスを行います。毎回クラウド経由でアクセスを行うことには、手順の煩雑さやアクセス集中による待ち時間といったデメリットがあります。そのため、量子コンピュータのシミュレータを含む**ソフトウェア開発キット** (SDK) が無料で配布されています。SDKをダウンロードすることで手元のPCから量子コンピュータをシミュレートできるため、学習やトライアルは手元のPCで行うことができます。

　2010年代に入って急激に発展を遂げる量子コンピュータは、ユーザー数も急激に増加しており、教育も急ピッチで進んでいます。また、多くの企業が量子コンピュータの研究調査に乗り出しており、大きなムーブメントとなっています。この流れは技術的な裏付けもありながら確実な方向に歩み出しており、量子コンピュータが今後大きな産業になるのは確実視されています。ぜひとも、この機会に量子プログラミングを学んで大きな産業や研究に挑戦してください。

02 量子コンピュータ ソフトウェアの学び方

量子コンピュータは、現在多くの方式やアルゴリズムが発表されており、何を重視し、何から手をつけるべきかが非常にわかりづらい状況にあります。そこで、ここでは一定の基準のもと、量子コンピュータのソフトウェア学習について優先順位をつけ、その学び方を提案します。

1　汎用量子アルゴリズムとは

　量子コンピュータのアルゴリズムは、大きく分けて理想的な量子コンピュータで実行される**汎用量子アルゴリズム**と、現在の量子コンピュータと既存コンピュータをハイブリッドで利用する**量子古典ハイブリッドアルゴリズム**の2つがあります。

　汎用量子アルゴリズムは、すべての計算を量子コンピュータ上で行うよう設計されたアルゴリズムです。量子計算が古典計算に対する優位性をフルに活用でき、4章で紹介する**Shorのアルゴリズム**のような、特定の問題を古典コンピュータと比較して指数関数的に早く解けるアルゴリズムも発見されています。

　汎用量子アルゴリズムはエラーのない理想的な量子計算機上での実行を想定しています。しかし、現在の量子コンピュータは演算を行うと多くのエラーが発生するため、汎用量子アルゴリズムで正しい計算を行うことは困難です。また、そのエラーもハードウェア由来の複数の要因によって生じています。エラーを減らす仕組みであるエラー訂正技術も日進月歩で進んでいますが、エラー耐性のある量子コンピュータの実現にはまだ長い期間を要します。

2　量子古典ハイブリッドアルゴリズム

　このような理由から、エラーのある現在の量子コンピュータを活用して、近い将来にどのような計算ができるのかを研究しようという動きも活発です。量子古典ハイブリッドアルゴリズムはその結果として生まれました。量子古典ハイブリッドアルゴリ

ズムでは、量子コンピュータと既存コンピュータを交互に組み合わせて利用すること
で計算を行います。また一定のエラーの存在を許容したアルゴリズムのため、現在の
量子コンピュータでも計算が可能です。しかし既存コンピュータと繰り返し計算を行
うため、古典コンピュータ側の処理による制約や、量子コンピュータ実機との通信速
度などの影響を大きく受けます。

「将来的な動向を調べたい」「研究を中心に行ないたい」という場合は、汎用量子アル
ゴリズムを使ってじっくり学ぶことをおすすめします。一方、短期的に事業で成果を
得たい、短期的な動向を確認したい場合には、量子古典ハイブリッドアルゴリズムを
利用することをおすすめします。本書は両方のアルゴリズムを扱っているため、幅広
いトレンドに対応できます。

・汎用量子アルゴリズム（将来的な動向調査、研究用途など）
・量子古典ハイブリッドアルゴリズム（短期中期的な動向調査、事業、研究用途）

▼表1-1　代表的な量子アルゴリズム

名称	概要	発表年
ショア Shor	素因数分解問題を解くことができる アルゴリズム	1994 年
グローバー Grover	ある目的のデータを効率的に検索す る探索問題を解くことができるアル ゴリズム	1996 年
HHL Harrow Hassidim Lloyd	連立一次方程式を高速に解くことの できるアルゴリズム	2009 年

03 汎用量子アルゴリズムの学び方

将来的な利用を想定した汎用量子アルゴリズムの学び方にも優先順位がつけられます。現在、盛んに研究が行われている汎用量子アルゴリズムは大きく分けて2種類あります。「量子位相推定タイプ」と「量子振幅増幅タイプ」です。

1 量子位相推定タイプとは

量子位相推定タイプは、**量子位相推定**と呼ばれるアルゴリズムをサブモジュールとして活用したアルゴリズム群です。量子位相推定は行列とその固有ベクトルが与えられたとき、行列の固有値を求めるアルゴリズムです（詳しくは4章を参照）。量子化学計算や材料計算、組合せ最適化問題、一部の機械学習、そして暗号解読に利用されるShorのアルゴリズムなどがこれに属します。

2 量子振幅増幅・推定タイプとは

量子位相推定タイプが量子の**位相**という量に注目するのに対し、量子振幅増幅・推定タイプは**振幅**という量に注目するアルゴリズム群です（詳しくは2章を参照）。最も有名な例は**グローバーのアルゴリズム**という検索アルゴリズムです。量子コンピュータを用いて、たくさんの要素を持つリストから特定の要素を得る確率を増幅することができます。これにより古典的な総当り方式よりも効率的に、特定の要素を探し出すことができます。グローバーのアルゴリズムのコアとなる発想からの派生により、金融計算や流体などのシミュレーション計算に利用可能なアルゴリズムが開発されています。

材料計算、組合せ最適化、機械学習、暗号などを学びたい場合には、量子位相推定タイプを学習し、検索や金融、流体シミュレーションを学びたい場合には、量子振幅増幅タイプを学ぶのが良いでしょう。

・量子位相推定タイプ（量子化学計算、組合せ最適化問題、機械学習、暗号など）
・量子振幅増幅タイプ（検索、金融、流体シミュレーションなど）

04 量子古典ハイブリッド アルゴリズムの学び方

量子古典ハイブリッドアルゴリズムも、用途によって学ぶ優先順位を大きく2種類から決められます。汎用量子アルゴリズムの量子位相推定タイプから派生した、「量子変分アルゴリズム」と、「量子機械学習アルゴリズム」です。

1 量子変分アルゴリズム

量子変分アルゴリズムは、現在の量子コンピュータで位相推定アルゴリズムの実行が難しいため、その代替として2010年代に開発されました。量子変分アルゴリズムは行列の固有値を求めるアルゴリズムという点で量子位相推定アルゴリズムと目的は似ていますが、異なる原理に基づいています。量子位相推定は既知の固有ベクトルに対応する固有値を汎用量子アルゴリズムにより決定論的に得ます。対して量子変分アルゴリズムは量子変分原理と呼ばれる原理に基づき、行列の最小の（専門的には「基底状態の」という）固有値を、ヒューリスティックな最小化計算によって求めます。変分原理とは、この行列の**期待値**と呼ばれる量（詳しくは2章を参照）を最小化することで最小の固有値を得られることを保証する原理です。

量子変分アルゴリズムは量子化学計算、材料計算などへの応用が期待されており、現在のエラーが多い量子コンピュータにおけるアルゴリズムの主流となっています。迷った場合には、まずこちらから学習するとよいでしょう。また最近では量子変分アルゴリズムの派生として、量子断熱計算と呼ばれる組合せ**最適化問題**に応用可能なアルゴリズムに近いものを実行できるため、さらに活用の幅が広がります。

2 量子機械学習アルゴリズム

量子機械学習は上記の量子変分アルゴリズムから派生し、機械学習と同様に入力されたデータに基づいて学習を行うことを目的としています。量子変分原理を利用していない点で前者とは理論的に多少異なりますが、学習における方法論に共通点は多いです。多くの企業や研究室では、データの学習に基づいて行う様々なタスクについて

研究・利用が進んでいます。量子コンピュータを利用した量子機械学習も既存コンピュータの性能限界が迫る一方で、多くのデータを処理する必要性が高まっていることから注目されています。機械学習的なデータの活用を優先させたいという場合には、量子機械学習を中心に学ぶことをおすすめします。

・量子変分アルゴリズム（量子化学計算、組合せ最適化問題など）
・量子機械学習（機械学習と同様に、データの学習に基づいたタスク）

　量子コンピュータのソフトウェアの発展は始まったばかりですが、すでに多くの用途で期待されており、その応用範囲も急激に拡大しています。ほとんどの技術が同一の技術から枝分かれしているため、これから基礎を学んで将来の活用に備えておくことはとても重要です。ぜひ本書を活用して自分が興味を持った箇所や必要な箇所を学んでください。

 金融事例はアルゴリズムの宝庫　その①

　金融領域は量子コンピュータ向けのアルゴリズムの宝庫です。通常は活用分野ごとに利用するアルゴリズムやアプリケーションは異なりますが、金融領域ではあらゆるアルゴリズムを活用することができます。大きく分けて下記の４つが金融領域で現在利用されているアルゴリズムです。

・VQE（Variational Quantum Eigensolver）
・QAOA（Quantum Approximate Optimization Algorithm）
・QAE/QAA（Quantum Amplitude Estimation / Quantum Amplitude Amplification）
・QML（Quantum Machine Learning）

CHAPTER

2

量子コンピュータの
数理

本章では「量子コンピュータによる計算の基礎」につ
いて紹介します。量子力学的な部分に関しては計算に必
要な原理のみを解説し、詳細には立ち入りません。数学
の線形代数の知識を使い、量子コンピュータの計算がど
のように行われるかを見ていきましょう。

01 量子ビット

量子コンピュータに使われる量子ビットは、古典コンピュータのビットとどう違うのでしょうか。この項でこれらの違いと量子ビットの表現方法について見ていきましょう。

1 古典コンピュータと量子コンピュータ

古典コンピュータとは、現在のパソコンなどのコンピュータのことをいいます。これらのコンピュータの情報の基本単位は**ビット**で"0"または"1"の状態のみをとります。また2個のビットならば、とり得る状態は"00", "01", "10", "11"の4種類があります。一般にn個のビットの場合には"00…00"から"11…11"までの2^n通りの状態をとることができます。

それでは量子コンピュータではどうなるのでしょうか。古典コンピュータのビットに対応する状態のことを**量子ビット (qubit)** と呼びます。古典コンピュータで"0", "1"という状態は、量子ビットでは$|0\rangle$, $|1\rangle$という状態に対応します[1]。これ以降では、古典コンピュータのビットを量子ビットと比較して**古典ビット**と呼ぶことにします。

量子ビットは**複素ベクトル**によって記述されます。この複素ベクトルのことを**状態ベクトル**と呼びます。量子ビットは古典ビットと異なり、$|0\rangle$, $|1\rangle$以外の状態を取ることができます。例えば$|0\rangle$, $|1\rangle$の線型結合によって新しい状態$|\psi\rangle$を表現することができます。

$$|\psi\rangle = \alpha |0\rangle + \beta |1\rangle \cdots (2.1.1)$$

ここでα, βは複素数です。このような量子ビットの線型結合のことを**重ね合わせ状態**と呼びます。

---

[1] この記法を「ブラケット記法」と呼ぶ。

1量子ビットは2次元の複素ベクトル空間上のベクトルで表現されます。したがって、2つの**基底ベクトル**が存在します。それらを以下のベクトルとします。

$$\begin{pmatrix} 1 \\ 0 \end{pmatrix} , \begin{pmatrix} 0 \\ 1 \end{pmatrix} \cdots (2.1.2)$$

この2つのベクトルが、それぞれ量子ビット $|0\rangle , |1\rangle$ に対応します。

$$|0\rangle := \begin{pmatrix} 1 \\ 0 \end{pmatrix} , |1\rangle := \begin{pmatrix} 0 \\ 1 \end{pmatrix} \cdots (2.1.3)$$

これらの量子ビット $|0\rangle , |1\rangle$ または式 (2.1.2) の基底ベクトルを**標準基底**と呼びます。2つの基底ベクトルは正規直交基底をなしています。

1量子ビットは標準基底 $|0\rangle , |1\rangle$ および $|\alpha|^2 + |\beta|^2 = 1$ を満たすような複素数 α, β を用いて $\alpha |0\rangle + \beta |1\rangle$ という状態をとります。これはベクトル同士の和とみると

$$|\psi\rangle = \alpha |0\rangle + \beta |1\rangle = \alpha \begin{pmatrix} 1 \\ 0 \end{pmatrix} + \beta \begin{pmatrix} 0 \\ 1 \end{pmatrix} = \begin{pmatrix} \alpha \\ \beta \end{pmatrix} , (|\alpha|^2 + |\beta|^2 = 1) \cdots (2.1.4)$$

となることがわかります。

次に1量子ビットを単位球面上の点で表現するBloch（ブロッホ）球について説明します。

●Bloch球

式 (2.1.4) で用いた複素数 α, β について、詳しく見てみましょう。

まず $|\alpha|, |\beta|$ はそれぞれ正の実数です。$|\alpha|^2 + |\beta|^2 = 1$ より $0 \leq \theta \leq \dfrac{\pi}{2}$ を満たす θ を用いて $|\alpha| = \cos\theta, |\beta| = \sin\theta$ と置くことができます。

次に α, β はそれぞれ複素数であることから指数関数と $0 \leq \phi_\alpha, \phi_\beta < 2\pi$ を満たす ϕ_α, ϕ_β を用いて、$\alpha = e^{i\phi_\alpha} \cos\theta, \beta = e^{i\phi_\beta} \sin\theta$ と表すことができます。この式から改めて1量子ビット $|\psi\rangle$ を考えると $|\psi\rangle = e^{i\phi_\alpha} \cos\theta |0\rangle + e^{i\phi_\beta} \sin\theta |1\rangle$ となります。この式の指数関数部分をまとめると次のようになります。

$$|\psi\rangle = e^{i\phi_\alpha} \left(\cos\theta |0\rangle + e^{i(\phi_\beta - \phi_\alpha)} \sin\theta |1\rangle \right) \cdots (2.1.5)$$

ここで$\phi_\alpha = \lambda, \phi_\beta - \phi_\alpha = \phi$と再び文字を置き換えます。このとき$\lambda, \phi$はそれぞれ$0 \le \lambda, \phi < 2\pi$を満たすことが簡単に確かめられます。あとの議論でも出てくるのでさらにθの部分を$\theta/2$にして、範囲を$0 \le \theta \le \pi$としました。最終的に状態$|\psi\rangle$は以下のようになります。

$$|\psi\rangle = e^{i\lambda}\left(\cos\left(\frac{\theta}{2}\right)|0\rangle + e^{i\phi}\sin\left(\frac{\theta}{2}\right)|1\rangle\right) \cdots \text{(2.1.6)}$$

この式で定義した変数ϕは位相、λをグローバル位相と呼びます。**グローバル位相**については全体に$e^{i\lambda}$がかかるので、球上の点の位置には影響しません。

この式 (2.1.6) を元に以下の図を考えてみます。

▼図2-1　Bloch球

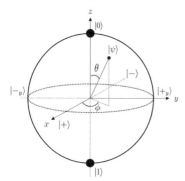

z軸の正の方に$|0\rangle$、z軸の負の方に$|1\rangle$を置きます。z軸からθ回転させ、x軸から反時計回りにϕ回転した点$|\psi\rangle$を上の式 (2.1.6) に対応させます。この図では球上の点の位置を対応させるので、ここではグローバル位相がある$e^{i\lambda}$の部分を無視します。

$$|\psi\rangle = \cos\left(\frac{\theta}{2}\right)|0\rangle + e^{i\phi}\sin\left(\frac{\theta}{2}\right)|1\rangle \cdots \text{(2.1.7)}$$

するとθ、ϕの範囲から上の式が左の単位球面上の点で表現できます。この球のことを**Bloch球**といいます。

具体的に角度を代入してみます。例えば$(\theta, \phi) = (0, 0), (\pi, 0)$のとき$|\psi\rangle = |0\rangle, |1\rangle$となり、$z$軸上の$|0\rangle, |1\rangle$に対応していることがわかります。

同様にx軸上、y軸上の点はどう表せるのか考えてみます。

x軸はBloch球から$(\theta, \phi) = (\pi/2, 0), (\pi/2, \pi)$を代入すればよく、式 (2.1.7) に代入すると$|\psi\rangle = \dfrac{1}{\sqrt{2}}|0\rangle \pm \dfrac{1}{\sqrt{2}}i|1\rangle$と計算でき、これはそれぞれ$|+\rangle, |-\rangle$とも表現されます。また$y$軸はBloch球から$(\theta, \phi) = (\pi/2, \pi/2), (\pi/2, 3\pi/2)$を代入すればよく、式 (2.1.7) に代入すると$|\psi\rangle = \dfrac{1}{\sqrt{2}}|0\rangle \pm \dfrac{1}{\sqrt{2}}i|1\rangle$と計算でき、これはそれぞれ$|+_y\rangle, |-_y\rangle$とも表現されます。

2 量子コンピュータの数理

3　複数の量子ビット

次は2量子ビットの場合を説明します。2古典ビットの場合は4つの状態 "00", "01", "10", "11"をとります。量子ビットでは$|00\rangle, |01\rangle, |10\rangle, |11\rangle$という状態に対応します。

1量子ビットの場合と同様に、基底ベクトルを考えます。2量子ビットの状態は4次元の複素ベクトル空間上のベクトルで表現されます[2]。この空間の基底ベクトルとして以下のものをとることができます。

$$\begin{pmatrix} 1 \\ 0 \\ 0 \\ 0 \end{pmatrix}, \begin{pmatrix} 0 \\ 1 \\ 0 \\ 0 \end{pmatrix}, \begin{pmatrix} 0 \\ 0 \\ 1 \\ 0 \end{pmatrix}, \begin{pmatrix} 0 \\ 0 \\ 0 \\ 1 \end{pmatrix} \cdots (2.1.8)$$

この4つのベクトルがそれぞれ量子ビット$|00\rangle, |01\rangle, |10\rangle, |11\rangle$に対応します。

$$|00\rangle := \begin{pmatrix} 1 \\ 0 \\ 0 \\ 0 \end{pmatrix}, |01\rangle := \begin{pmatrix} 0 \\ 1 \\ 0 \\ 0 \end{pmatrix}, |10\rangle := \begin{pmatrix} 0 \\ 0 \\ 1 \\ 0 \end{pmatrix}, |11\rangle := \begin{pmatrix} 0 \\ 0 \\ 0 \\ 1 \end{pmatrix} \cdots (2.1.9)$$

これらの量子ビット$|00\rangle, |01\rangle, |10\rangle, |11\rangle$または式 (2.1.8) の4つのベクトルを1量子ビットと同様に標準基底と呼びます。これらのベクトルも正規直交基底をなしています。

2量子ビットは標準基底$|00\rangle, |01\rangle, |10\rangle, |11\rangle$および、$|c_0|^2 + |c_1|^2 + |c_2|^2 + |c_3|^2 = 1$を満たすような複素数$c_0, c_1, c_2, c_3$を用いて$c_0|00\rangle + c_1|01\rangle + c_2|10\rangle + c_3|11\rangle$という状態をとります。ベクトルでは以下のように表現できます。

---

2 "テンソル積" を導入することで理解できる。

25

$$|\psi\rangle = c_0\,|00\rangle + c_1\,|01\rangle + c_2\,|10\rangle + c_3\,|11\rangle = c_0 \begin{pmatrix} 1 \\ 0 \\ 0 \\ 0 \end{pmatrix} + c_1 \begin{pmatrix} 0 \\ 1 \\ 0 \\ 0 \end{pmatrix} +$$

$$c_2 \begin{pmatrix} 0 \\ 0 \\ 1 \\ 0 \end{pmatrix} + c_3 \begin{pmatrix} 0 \\ 0 \\ 0 \\ 1 \end{pmatrix} = \begin{pmatrix} c_0 \\ c_1 \\ c_2 \\ c_3 \end{pmatrix} \quad \cdots (2.1.10)$$

　一般の n 量子ビットの場合も同様に考えてみます。まず古典ビットで考えてみると、n 古典ビット状態は "00…00" から "11…11" までの 2^n 通りの状態をとることがわかります。これは n 量子ビットでは、$|00\cdots00\rangle$ から $|11\cdots11\rangle$ の状態に対応します。

　次に基底ベクトルについて、n 量子ビットは 2^n 次元複素ベクトル空間上のベクトルで表現されます。1量子ビットと2量子ビットの場合と同様に、以下の基底ベクトルをとることで、$|00\cdots00\rangle$ から $|11\cdots11\rangle$ の状態を定義することができます。

$$|00\cdots00\rangle := \begin{pmatrix} 1 \\ 0 \\ \vdots \\ 0 \\ 0 \end{pmatrix}, \ |00\cdots01\rangle := \begin{pmatrix} 0 \\ 1 \\ \vdots \\ 0 \\ 0 \end{pmatrix}, \ |00\cdots10\rangle := \begin{pmatrix} 0 \\ 0 \\ \vdots \\ 1 \\ 0 \end{pmatrix},$$

$$|11\cdots11\rangle := \begin{pmatrix} 0 \\ 0 \\ \vdots \\ 0 \\ 1 \end{pmatrix} \quad \cdots (2.1.11)$$

　これらのベクトルは標準基底であり、n 量子ビットは $\displaystyle\sum_{i=0}^{n-1} |c_i|^2 = 1$ を満たすような複素数 $c_0, \cdots, c_{n-1}$ を用いて $\displaystyle|\psi\rangle = \sum_{i=0}^{n-1} c_i\,|i\rangle$ という状態をとります。

　ここで $|i\rangle$ の i は2進数で表します。

例：$c_0 \left| 00 \right\rangle + c_1 \left| 01 \right\rangle + c_2 \left| 10 \right\rangle + c_3 \left| 11 \right\rangle = c_0 \left| 0 \right\rangle + c_1 \left| 1 \right\rangle + c_2 \left| 2 \right\rangle + c_3 \left| 3 \right\rangle$

以下では、量子計算に使われるブラケット記号とテンソル積について、それぞれ説明します。

4　ブラケット記号

ここでは量子力学で使われるブラケット記号について紹介します。

❶列ベクトルは記号「$\left| \ \right\rangle$」を用いて表す

例えば複素数 a_0, a_1 を用いた列ベクトル $\left| \psi \right\rangle$ は

$$\left| \psi \right\rangle = \begin{pmatrix} a_0 \\ a_1 \end{pmatrix} \cdots \text{(2.1.12)}$$

のように表現されます。この列ベクトルを**ケットベクトル**と呼びます。

❷行ベクトルは記号「$\left\langle \ \right|$」を用いて表す

複素数 a_0, a_1 を用いた行ベクトル $\left\langle \psi \right|$ は

$$\left\langle \psi \right| = \begin{pmatrix} a_0 & a_1 \end{pmatrix} \cdots \text{(2.1.13)}$$

のように表現されます。この行ベクトルを**ブラベクトル**と呼びます。

またケットベクトル、ブラベクトルの関係について、$\left\langle \psi \right|$ は $\left| \psi \right\rangle$ の複素共役の行ベクトルを表します。具体的にケットベクトルを $\left| \psi \right\rangle = {}^t \begin{pmatrix} a_0 & a_1 \end{pmatrix}$ と置くと、$\left\langle \psi \right|$ は以下のようになります。

$$\left\langle \psi \right| = \begin{pmatrix} \overline{a_0} & \overline{a_1} \end{pmatrix} \cdots \text{(2.1.13')}$$

（$\overline{a_0}$ は a_0 の複素共役を表しています。）

上記❶と❷の記号を**ブラケット記号**と呼びます。

このブラケット記号を用いた内積と行列について説明します。

●内積

2つのベクトル $|\psi\rangle = {}^t(\ a_0 \quad a_1\ )$, $|\phi\rangle = {}^t(\ b_0 \quad b_1\ )$ に関して $\langle\psi|\phi\rangle$ は**内積**を表します。

$\langle\psi|$ と $|\phi\rangle$ の行列積を考えます。実際に計算してみると、

$$\langle\psi||\phi\rangle = \left(\ \overline{a_0} \quad \overline{a_1}\ \right)\begin{pmatrix} b_0 \\ b_1 \end{pmatrix} = \overline{a_0}b_0 + \overline{a_1}b_1 \cdots (2.1.14)$$

これは $|\psi\rangle$, $|\phi\rangle$ のベクトルの内積を表し、$\langle\psi|\,|\phi\rangle = \langle\psi|\phi\rangle$ とも表記します。

●行列

$|\psi\rangle\langle\phi|$ は**行列**を表します。

これも実際にベクトルの積を計算してみると、

$$|\psi\rangle\langle\phi| = \begin{pmatrix} a_0 \\ a_1 \end{pmatrix}\left(\ \overline{b_0} \quad \overline{b_1}\ \right) = \begin{pmatrix} a_0\overline{b_0} & a_0\overline{b_1} \\ a_1\overline{b_0} & a_1\overline{b_1} \end{pmatrix} \cdots (2.1.15)$$

$|\psi\rangle\langle\phi|$ が行列になっていることがわかります。これら内積や行列の表現は2.3節で出てきます。

5 量子ビットのテンソル積

ここでは量子ビットの**テンソル積** $\otimes$ を定義します。

2つの1量子ビット $|\psi\rangle = {}^t(\ a_0 \quad a_1\ )$, $|\phi\rangle = {}^t(\ b_0 \quad b_1\ )$ のテンソル積 $|\psi\rangle \otimes |\phi\rangle$ は以下のように定義されます。

$$|\psi\rangle \otimes |\phi\rangle := \begin{pmatrix} a_0\,|\phi\rangle \\ a_1\,|\phi\rangle \end{pmatrix} := \begin{pmatrix} a_0 b_0 \\ a_0 b_1 \\ a_1 b_0 \\ a_1 b_1 \end{pmatrix} \cdots (2.1.16)$$

この定義から4次元の複素ベクトルの基底ベクトル式 (2.1.8) は標準基底 $|0\rangle$, $|1\rangle$ のテンソル積で表すことができます。

$$|0\rangle \otimes |0\rangle = \begin{pmatrix} 1 \\ 0 \\ 0 \\ 0 \end{pmatrix}, \ |0\rangle \otimes |1\rangle = \begin{pmatrix} 0 \\ 1 \\ 0 \\ 0 \end{pmatrix}, \ |1\rangle \otimes |0\rangle = \begin{pmatrix} 0 \\ 0 \\ 1 \\ 0 \end{pmatrix},$$

$$|1\rangle \otimes |1\rangle = \begin{pmatrix} 0 \\ 0 \\ 0 \\ 1 \end{pmatrix} \quad \cdots \ (2.1.17)$$

したがって、2量子ビットの標準基底 $|00\rangle, |01\rangle, |10\rangle, |11\rangle$ は $|0\rangle \otimes |0\rangle$, $|0\rangle \otimes |1\rangle, |1\rangle \otimes |0\rangle, |1\rangle \otimes |1\rangle$ と、テンソル積を用いて再定義できます。このテンソル積の定義から2量子ビットは4次元の複素ベクトルで表現できることがわかります。

同様に n 量子ビットの標準基底 $|00\cdots00\rangle$ から $|11\cdots11\rangle$ も $|0\rangle, |1\rangle$ のテンソル積で表すことができます。

$$|00\cdots00\rangle = |0\rangle \otimes |0\rangle \otimes \cdots \otimes |0\rangle \otimes |0\rangle$$
$$|00\cdots01\rangle = |0\rangle \otimes |0\rangle \otimes \cdots \otimes |0\rangle \otimes |1\rangle$$
$$|00\cdots10\rangle = |0\rangle \otimes |0\rangle \otimes \cdots \otimes |1\rangle \otimes |0\rangle$$
$$\vdots$$
$$|11\cdots10\rangle = |1\rangle \otimes |1\rangle \otimes \cdots \otimes |1\rangle \otimes |0\rangle$$
$$|11\cdots11\rangle = |1\rangle \otimes |1\rangle \otimes \cdots \otimes |1\rangle \otimes |1\rangle \quad \cdots \ (2.1.18)$$

テンソル積の定義から n 量子ビットは 2^n 次元の複素ベクトルで表現できることがわかります。

またテンソル積の定義から次の性質を満たします。

$$\alpha(|\psi\rangle \otimes |\phi\rangle) = (\alpha|\psi\rangle) \otimes |\phi\rangle = |\psi\rangle \otimes (\alpha|\phi\rangle) \quad \cdots \ (2.1.19)$$
$$(|\psi_0\rangle + |\psi_1\rangle) \otimes |\phi\rangle = |\psi_0\rangle \otimes |\phi\rangle + |\psi_1\rangle \otimes |\phi\rangle \quad \cdots \ (2.1.20)$$
$$|\psi\rangle \otimes (|\phi_0\rangle + |\phi_1\rangle) = |\psi\rangle \otimes |\phi_0\rangle + |\psi\rangle \otimes |\phi_1\rangle \quad \cdots \ (2.1.21)$$

ここで $|\psi\rangle, |\phi\rangle, |\psi_0\rangle, |\psi_1\rangle, |\phi_0\rangle, |\phi_1\rangle$ は量子ビット、α は複素数です。
この性質は今後よく使うので覚えておきましょう。

02 量子ゲート

古典コンピュータの計算は古典ビットにAND, OR, NOTなどの論理ゲートを作用させることによって行われます。一方で量子コンピュータの計算は量子ビットを操作させることによって行われます。この操作には回転と測定があります。この節では回転操作について、次節では測定について説明します。

1 量子ビットの回転操作

量子ビットの回転は量子ビットに行列を作用させることによって行うことができ、この行列のことを**量子ゲート**と呼びます。数学的には量子ゲートは回転行列やユニタリ行列となります。量子回路は量子ビットにいくつもの量子ゲートを作用させて表現します。

前節で登場したBloch球を用いて、量子ビットの回転を具体的に見てみましょう。

以下の2つの行列A, Bを例にして考えます。

● **具体例1**

$$A = \begin{pmatrix} \cos\frac{\pi}{4} & -\sin\frac{\pi}{4} \\ \sin\frac{\pi}{4} & \cos\frac{\pi}{4} \end{pmatrix}$$

これを量子ビット$|0\rangle$に作用させると$|+\rangle$になります。

$$\begin{pmatrix} \cos\frac{\pi}{4} & -\sin\frac{\pi}{4} \\ \sin\frac{\pi}{4} & \cos\frac{\pi}{4} \end{pmatrix} \begin{pmatrix} 1 \\ 0 \end{pmatrix} = \frac{1}{\sqrt{2}} \begin{pmatrix} 1 \\ 1 \end{pmatrix} = |+\rangle$$

この行列は下図のように量子ビットを回転させていることを示しています。

▼図2-2　行列Aによる量子ビットの回転

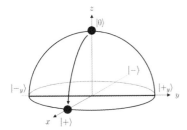

●具体例2

$$B = \begin{pmatrix} \cos\left(\frac{\theta}{2}\right) & -e^{i\lambda}\sin\left(\frac{\theta}{2}\right) \\ e^{i\phi}\sin\left(\frac{\theta}{2}\right) & e^{i(\lambda+\phi)}\cos\left(\frac{\theta}{2}\right) \end{pmatrix}, (0 \leq \theta \leq \pi, 0 \leq \phi, \lambda \leq 2\pi)$$

これを $|0\rangle$ に作用させると以下の状態になります。

$$\begin{pmatrix} \cos\left(\frac{\theta}{2}\right) & -e^{i\lambda}\sin\left(\frac{\theta}{2}\right) \\ e^{i\phi}\sin\left(\frac{\theta}{2}\right) & e^{i(\lambda+\phi)}\cos\left(\frac{\theta}{2}\right) \end{pmatrix} \begin{pmatrix} 1 \\ 0 \end{pmatrix} = \cos\left(\frac{\theta}{2}\right)|0\rangle + e^{i\phi}\sin\left(\frac{\theta}{2}\right)|1\rangle$$

よって、この行列は下図のように量子ビットを回転させていることを示しています。

▼図2-3　行列Bによる量子ビットの回転

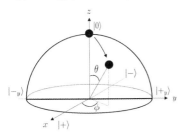

以上から行列によって量子ビットが回転することがわかりました。これらの行列が量子ゲートとなります。量子ゲートの条件はコラムで詳しく述べています。

主な量子ゲートを紹介します。

まずはじめに、1量子ビットに作用させる量子ゲートを見てみます。

●パウリゲート

Bloch球の各軸を基準に180°回転させる量子ゲートです。x, y, z軸で回転させる量子ゲートをそれぞれX, Y, Zゲートと呼びます。行列は以下のようになります。

$$X = \begin{pmatrix} 0 & 1 \\ 1 & 0 \end{pmatrix}, Y = \begin{pmatrix} 0 & -i \\ i & 0 \end{pmatrix}, Z = \begin{pmatrix} 1 & 0 \\ 0 & -1 \end{pmatrix} \quad \cdots (2.2.1)$$

これらの量子ゲートをパウリゲートといいます。また標準基底$|0\rangle, |1\rangle$への作用は次のようになります。

$$X : \begin{cases} |0\rangle \Rightarrow |1\rangle \\ |1\rangle \Rightarrow |0\rangle \end{cases}, Y : \begin{cases} |0\rangle \Rightarrow i|1\rangle \\ |1\rangle \Rightarrow -i|0\rangle \end{cases}, Z : \begin{cases} |0\rangle \Rightarrow |0\rangle \\ |1\rangle \Rightarrow -|1\rangle \end{cases} \quad \cdots (2.2.1')$$

Xゲートをみると$|0\rangle$がx軸を基準に180°回転して$|1\rangle$に反転していることがわかります。これからXゲートは量子コンピュータでのNOT演算に対応しています。

Zゲートは式 (2.1.7) より、1量子ビットの位相部分を反転させることができます。

●アダマールゲート

Bloch球のx軸とz軸の間の線を軸に、180°回転させる量子ゲートです。

$$H = \frac{1}{\sqrt{2}} \begin{pmatrix} 1 & 1 \\ 1 & -1 \end{pmatrix}, H : \begin{cases} |0\rangle \Rightarrow \frac{1}{\sqrt{2}}(|0\rangle + |1\rangle) \\ |1\rangle \Rightarrow \frac{1}{\sqrt{2}}(|0\rangle - |1\rangle) \end{cases} \quad \cdots (2.2.2), (2.2.2')$$

このHゲートをアダマールゲートといいます。これを使うことで量子ビット$|0\rangle, |1\rangle$の重ね合わせ状態を作ることができます。またこのとき、標準基底$|0\rangle, |1\rangle$の係数の絶対値はすべて等しくなります。

上で述べたパウリゲートとアダマールゲートは、定義の内容から次の等式が成り立ちます。

$$X^2 = Y^2 = Z^2 = H^2 = I \cdots (2.2.3)$$

●S, Tゲート

Bloch球の位相回転を表す量子ゲートです。

$$S = \begin{pmatrix} 1 & 0 \\ 0 & i \end{pmatrix}, S^\dagger = \begin{pmatrix} 1 & 0 \\ 0 & -i \end{pmatrix}, T = \begin{pmatrix} 1 & 0 \\ 0 & e^{i\frac{\pi}{4}} \end{pmatrix}, T^\dagger = \begin{pmatrix} 1 & 0 \\ 0 & e^{-i\frac{\pi}{4}} \end{pmatrix}$$
$$\cdots (2.2.4)$$

Sゲートは$\dfrac{\pi}{2}$、Tゲートは$\dfrac{\pi}{4}$位相回転します。$S^\dagger, T^\dagger$はそれぞれ位相の逆回転を表しています。

これらの行列もまた、以下の等式が成り立ちます。

$$SS^\dagger = TT^\dagger = I, Z = SS, S = TT \cdots (2.2.5)$$

●位相ゲート

量子ビットの一般的な位相による回転を考えます。

$$P(\phi) = \begin{pmatrix} 1 & 0 \\ 0 & e^{i\phi} \end{pmatrix} , P(\phi) : \begin{cases} |0\rangle \Rightarrow |0\rangle \\ |1\rangle \Rightarrow e^{i\phi} |1\rangle \end{cases} \cdots (2.2.6), (2.2.6')$$

位相が$|1\rangle$についてϕ回転していることがわかります。この量子ゲートを位相ゲートと呼びます。$\phi = \dfrac{\pi}{2}, \dfrac{\pi}{4}$のときはそれぞれ$S, T$ゲートと等しくなります。

$$P\left(\frac{\pi}{2}\right) = S, P\left(\frac{\pi}{4}\right) = T \cdots (2.2.7)$$

●回転ゲート

各軸による量子ビット回転をする量子ゲートです。

▼図2-4　Rx, Ry, Rz ゲートの回転を表した図

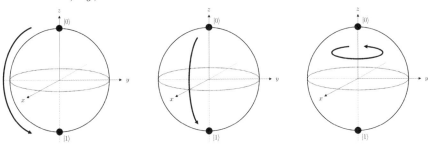

$$Rx(\theta) := e^{-i\frac{\theta}{2}X} = \begin{pmatrix} \cos\left(\frac{\theta}{2}\right) & -i\sin\left(\frac{\theta}{2}\right) \\ -i\sin\left(\frac{\theta}{2}\right) & \cos\left(\frac{\theta}{2}\right) \end{pmatrix}$$

$$Ry(\theta) := e^{-i\frac{\theta}{2}Y} = \begin{pmatrix} \cos\left(\frac{\theta}{2}\right) & -\sin\left(\frac{\theta}{2}\right) \\ \sin\left(\frac{\theta}{2}\right) & \cos\left(\frac{\theta}{2}\right) \end{pmatrix}$$

$$Rz(\theta) := e^{-i\frac{\theta}{2}Z} = \begin{pmatrix} e^{-i\frac{\theta}{2}} & 0 \\ 0 & e^{i\frac{\theta}{2}} \end{pmatrix} \quad \cdots (2.2.8)$$

この量子ゲートを回転ゲートといいます。上の図のように各軸を中心に反時計周りに回転させるので、Bloch球のすべての位置は、この量子ゲートの組み合わせで作ることができます。標準基底 $|0\rangle, |1\rangle$ への作用は次のようになります。

$$Rx(\theta) : \begin{cases} |0\rangle \Rightarrow \cos\left(\frac{\theta}{2}\right)|0\rangle - i\sin\left(\frac{\theta}{2}\right)|1\rangle \\ |1\rangle \Rightarrow -i\sin\left(\frac{\theta}{2}\right)|0\rangle + \cos\left(\frac{\theta}{2}\right)|1\rangle \end{cases},$$

$$Ry(\theta) : \begin{cases} |0\rangle \Rightarrow \cos\left(\frac{\theta}{2}\right)|0\rangle + \sin\left(\frac{\theta}{2}\right)|1\rangle \\ |1\rangle \Rightarrow -\sin\left(\frac{\theta}{2}\right)|0\rangle + \cos\left(\frac{\theta}{2}\right)|1\rangle \end{cases},$$

$$Rz(\theta) : \begin{cases} |0\rangle \Rightarrow e^{-i\frac{\theta}{2}}|0\rangle \\ |1\rangle \Rightarrow e^{i\frac{\theta}{2}}|1\rangle \end{cases} \quad \cdots (2.2.8')$$

例えば $\theta = \dfrac{\pi}{2}$ のときを考えます。このとき $Rx(\dfrac{\pi}{2}) |0\rangle = |-_y\rangle$, $Ry(\dfrac{\pi}{2}) |0\rangle = |+\rangle$,

$Rz(\dfrac{\pi}{2}) |0\rangle = e^{-i\frac{\pi}{4}} |0\rangle$ と計算できます。これはそれぞれBloch球の各軸に対して

$|0\rangle$ を反時計回りに $\dfrac{\pi}{2}$ 回転させた状態に対応しています（実際に各自でBloch球と照

らし合わせてみましょう）。

この量子ゲートの応用に関しては、5章で述べています。

●ユニバーサルゲート

Bloch球上の任意の状態をこの量子ゲート1つで作成できます。

▼図2-5　ユニバーサルゲートの回転を表した図

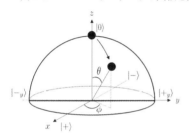

$$u(\theta, \phi, \lambda) = \begin{pmatrix} \cos\left(\frac{\theta}{2}\right) & -e^{i\lambda}\sin\left(\frac{\theta}{2}\right) \\ e^{i\phi}\sin\left(\frac{\theta}{2}\right) & e^{i(\lambda+\phi)}\cos\left(\frac{\theta}{2}\right) \end{pmatrix} ,$$

$$u(\theta, \phi, \lambda) : \begin{cases} |0\rangle \Rightarrow \cos\left(\frac{\theta}{2}\right)|0\rangle + e^{i\phi}\sin\left(\frac{\theta}{2}\right)|1\rangle \\ |1\rangle \Rightarrow -e^{i\lambda}\left(\sin\left(\frac{\theta}{2}\right)|0\rangle - e^{i\phi}\cos\left(\frac{\theta}{2}\right)|1\rangle\right) \cdots (2.2.9), (2.2.9') \end{cases}$$

$|0\rangle$ に作用させるとBloch球の式と同じだとわかります。したがってこの量子ゲートの θ は z 軸からの回転、ϕ は位相を表しています。λ は $u(0, 0, \lambda) = P(\lambda)$ となることから θ についての位相回転を表しています。

Bloch球上の任意の点を、この量子ゲート1つで表現できることからユニバーサルゲートと呼びます。また今回用いるQiskitでは u ゲート（旧 $u3$ ゲート）という名前で使われています。

3 2量子ビットゲート

2章1節4項で2つの1量子ビットは$|\psi\rangle \otimes |\phi\rangle$とテンソル積を用いて2量子ビットと見ることができました。量子ゲートに関してもテンソル積を用いることで2量子ビットゲートを作ることができます。この項では簡単に作り方を説明します[3]。

2つの1量子ビットゲートU, Vのテンソル積$U \otimes V$とします。$U \otimes V$を$|\phi\rangle \otimes |\psi\rangle$に作用させた状態は以下のようになります。

$$(U \otimes V)(|\psi\rangle \otimes |\phi\rangle) := U|\psi\rangle \otimes V|\phi\rangle \cdots (2.2.10)$$

例えば2つのアダマールゲートHのテンソル積$H \otimes H$は、2量子ビットの標準基底$|00\rangle$に作用させると以下のように計算できます。

$$(H \otimes H)|00\rangle = H|0\rangle \otimes H|0\rangle = \frac{1}{2}(|00\rangle + |01\rangle + |10\rangle + |11\rangle) \cdots (2.2.11)$$

上のようなU, Vは各1量子ビットに作用するものでした。2量子ビット全体に作用する量子ゲートも存在します。以下ではその中でも主要な量子ゲートを説明します。

● CNOTゲート

まず始めに、この量子ゲートが行列としてどのように表されるか説明します。

$$CNOT = \begin{pmatrix} 1 & 0 & 0 & 0 \\ 0 & 1 & 0 & 0 \\ 0 & 0 & 0 & 1 \\ 0 & 0 & 1 & 0 \end{pmatrix} = \begin{pmatrix} 1 & 0 & 0 & 0 \\ 0 & 1 & 0 & 0 \\ 0 & 0 & & \\ 0 & 0 & & X \end{pmatrix},$$

$$CNOT : \begin{cases} |0\rangle \otimes |0\rangle \Rightarrow |0\rangle \otimes |0\rangle \\ |0\rangle \otimes |1\rangle \Rightarrow |0\rangle \otimes |1\rangle \\ |1\rangle \otimes |0\rangle \Rightarrow |1\rangle \otimes |1\rangle \\ |1\rangle \otimes |1\rangle \Rightarrow |1\rangle \otimes |0\rangle \end{cases} \cdots (2.2.12), (2.2.12')$$

標準基底に作用させた場合を見るとわかるように、1つ目の量子ビットが$|0\rangle$のときは2つ目の量子ビットは変わらず、1つ目の量子ビットが$|1\rangle$のときは2つ目の量子ビットにXゲートが作用し反転していることがわかります。このとき、2つ目の量子ビットを反転させるかを判断する1つ目の量子ビットのことを制御量子ビットと呼び、2つ目

---

[3] 2章2節5項の量子ゲートのテンソル積のこと。

の反転させる量子ビットのことをターゲット量子ビットと呼びます。

今回の量子ゲートはターゲット量子ビットにNOT演算に対応するXゲートを施していることから$CNOT$ゲート、またはCXゲートと呼びます。

この$CNOT$ゲートは論理ゲートの1つである排他的論理和（XOR）に対応します。実際XORの真理値表は以下のようになります。

▼表2-1　排他的論理和（XOR）の論理演算表

a	b	$a\ XOR\ b$
0	0	0
1	0	1
0	1	1
1	1	0

この表からわかるように、XORは$a = 0$の場合はbの値がそのまま出力され、$a = 1$の場合はbを反転させた値が出力されます。この出力された値が$CNOT$ゲートを標準基底に施した際のターゲット量子ビットに対応していることがわかります。

●制御ユニタリゲート

$CNOT$ゲートでは、制御量子ビットに応じてターゲット量子ビットにXゲートを作用させていました。一般に制御量子ビットとターゲット量子ビットがある量子ゲートのことを制御ユニタリゲートと呼びます。ターゲット量子ビットに量子ゲートUを施すような制御ユニタリゲートのことをCUゲートと呼びます。

例としてCZゲートを考えてみます。

$$CZ = \begin{pmatrix} 1 & 0 & 0 & 0 \\ 0 & 1 & 0 & 0 \\ 0 & 0 & 1 & 0 \\ 0 & 0 & 0 & -1 \end{pmatrix} = \begin{pmatrix} 1 & 0 & 0 & 0 \\ 0 & 1 & 0 & 0 \\ 0 & 0 & & \\ 0 & 0 & & Z \end{pmatrix},$$

$$CZ : \begin{cases} |0\rangle \otimes |0\rangle \Rightarrow |0\rangle \otimes |0\rangle \\ |0\rangle \otimes |1\rangle \Rightarrow |0\rangle \otimes |1\rangle \\ |1\rangle \otimes |0\rangle \Rightarrow |1\rangle \otimes |0\rangle \\ |1\rangle \otimes |1\rangle \Rightarrow |1\rangle \otimes -|1\rangle \end{cases} \quad \cdots (2.2.14), (2.2.14')$$

標準基底への作用をみるとわかるように、制御量子ビットが$|1\rangle$のときにターゲット量子ビットにZゲートが施されています。行列に関しては右下の部分にターゲット量子ビットに施す量子ゲートUが入ります。

同様に、1量子ビットゲートで説明したゲートをUに当てはめた$CP, CRx, CRy, CRz \cdots$などの制御ユニタリゲートを考えることができます。

●SWAPゲート

2ビットの値を交換する量子ゲートです。

$$
\mathrm{SWAP} = \begin{pmatrix} 1 & 0 & 0 & 0 \\ 0 & 0 & 1 & 0 \\ 0 & 1 & 0 & 0 \\ 0 & 0 & 0 & 1 \end{pmatrix}, \mathrm{SWAP} : \begin{cases} |0\rangle \otimes |0\rangle \Rightarrow |0\rangle \otimes |0\rangle \\ |0\rangle \otimes |1\rangle \Rightarrow |1\rangle \otimes |0\rangle \\ |1\rangle \otimes |0\rangle \Rightarrow |0\rangle \otimes |1\rangle \\ |1\rangle \otimes |1\rangle \Rightarrow |1\rangle \otimes |1\rangle \end{cases}
$$

$$\cdots (2.2.15), (2.2.15')$$

1つ目の量子ビットと2つ目の量子ビットが交換されていることがわかります。この量子ゲートを$SWAP$ゲートと呼びます。

また$SWAP$ゲートは$CNOT$ゲートを用いて表すこともできます。

$$SWAP[i, j] = CNOT[i, j]CNOT[j, i]CNOT[i, j] \cdots (2.2.16)$$

この積は行列積です。$SWAP[i, j]$はi番目とj番目の量子ビットを入れ替える2量子ビットゲート、$CNOT[i, j]$はi番目の量子ビットが制御量子ビット、j番目の量子ビットがターゲット量子ビットの2量子ビットゲートを表します。

4 3量子ビットゲート

主な3量子ビットゲートとしては、2つの制御量子ビットを用いたものがあります。

上から2つの量子ビットが$|1\rangle$の場合だけ3つ目の量子ビットが反転することがわかります。このゲートを**トフォリゲート**と呼びます。またこのゲートは制御量子ビットが2つとコントロール量子ビットにXゲートが作用するのでCCXゲートとも呼ばれます。

●トフォリゲート

$$CCX = \begin{pmatrix} 1 & 0 & 0 & 0 & 0 & 0 & 0 & 0 \\ 0 & 1 & 0 & 0 & 0 & 0 & 0 & 0 \\ 0 & 0 & 1 & 0 & 0 & 0 & 0 & 0 \\ 0 & 0 & 0 & 1 & 0 & 0 & 0 & 0 \\ 0 & 0 & 0 & 0 & 1 & 0 & 0 & 0 \\ 0 & 0 & 0 & 0 & 0 & 1 & 0 & 0 \\ 0 & 0 & 0 & 0 & 0 & 0 & 0 & 1 \\ 0 & 0 & 0 & 0 & 0 & 0 & 1 & 0 \end{pmatrix}, \ CCX: \begin{cases} |0\rangle \otimes |0\rangle \otimes |0\rangle \ \Rightarrow\ |0\rangle \otimes |0\rangle \otimes |0\rangle \\ |0\rangle \otimes |0\rangle \otimes |1\rangle \ \Rightarrow\ |0\rangle \otimes |0\rangle \otimes |1\rangle \\ |0\rangle \otimes |1\rangle \otimes |0\rangle \ \Rightarrow\ |0\rangle \otimes |1\rangle \otimes |0\rangle \\ |0\rangle \otimes |1\rangle \otimes |1\rangle \ \Rightarrow\ |0\rangle \otimes |1\rangle \otimes |1\rangle \\ |1\rangle \otimes |0\rangle \otimes |0\rangle \ \Rightarrow\ |1\rangle \otimes |0\rangle \otimes |0\rangle \\ |1\rangle \otimes |0\rangle \otimes |1\rangle \ \Rightarrow\ |1\rangle \otimes |0\rangle \otimes |1\rangle \\ |1\rangle \otimes |1\rangle \otimes |0\rangle \ \Rightarrow\ |1\rangle \otimes |1\rangle \otimes |1\rangle \\ |1\rangle \otimes |1\rangle \otimes |1\rangle \ \Rightarrow\ |1\rangle \otimes |1\rangle \otimes |0\rangle \end{cases}$$

$$\cdots\ (2.2.17), (2.2.17')$$

以上の主な量子ゲートを量子ビットを作用させることで、量子ビットの回転を表現することができます。

5 量子ゲートのテンソル積

量子ビットのテンソル積と同様に量子ゲートのテンソル積 $\otimes$ を定義します。

1量子ビットゲート $U,\ V$ のテンソル積 $U \otimes V$ の $|\phi\rangle \otimes |\psi\rangle$ への作用は式 (2.2.10) で定義しました。$U \otimes V$ 自体は以下のような行列で定義されます。

$$U \otimes V := \begin{pmatrix} u_{00}V & u_{01}V \\ u_{10}V & u_{11}V \end{pmatrix} = \begin{pmatrix} u_{00}v_{00} & u_{00}v_{01} & u_{01}v_{00} & u_{01}v_{01} \\ u_{00}v_{10} & u_{00}v_{11} & u_{01}v_{10} & u_{01}v_{11} \\ u_{10}v_{00} & u_{10}v_{01} & u_{11}v_{00} & u_{11}v_{01} \\ u_{10}v_{10} & u_{10}v_{11} & u_{11}v_{10} & u_{11}v_{11} \end{pmatrix}$$

$$\cdots\ (2.2.18)$$

例えば、式 (2.2.11) で用いた2つのアダマールゲート H のテンソル積 $H \otimes H$ は次ページのように計算できます。

$$H \otimes H = \frac{1}{\sqrt{2}} \begin{pmatrix} H & H \\ H & -H \end{pmatrix} = \frac{1}{2} \begin{pmatrix} 1 & 1 & 1 & 1 \\ 1 & -1 & 1 & -1 \\ 1 & 1 & -1 & -1 \\ 1 & -1 & -1 & 1 \end{pmatrix}$$

またこれを2量子ビットの標準基底 $|00\rangle$ に作用させると、式 (2.2.11) と同じ状態になることが容易にわかります (計算は省略します)。

行列積でなく、テンソル積の記述であることが文脈上明らかである場合、量子ビットで $|0\rangle \otimes |0\rangle = |00\rangle$ と表現したときと同様に $U \otimes V$ を UV と表現することもあります。

6 量子ビットのテンソル積の性質

式 (2.1.19)、式 (2.1.20)、式 (2.1.21) と同様に、量子ゲートのテンソル積も以下の性質を満たします。

$$\alpha(U \otimes V) = (\alpha U) \otimes V = U \otimes (\alpha V) \quad \cdots (2.2.19)$$

$$(U_0 + U_1) \otimes V = U_0 \otimes V + U_1 \otimes V \quad \cdots (2.2.20)$$

$$U \otimes (V_0 + V_1) = U \otimes V_0 + U \otimes V_1 \quad \cdots (2.2.21)$$

ここで U, V, U_0, U_1, V_0, V_1 は量子ゲート、α は複素数です。

03 測定

1古典ビットを考えた場合に、古典コンピュータではこの状態を読むことは確定的です。したがって、私たちは"0", "1"のどちらの状態かを知ることができます。量子コンピュータでは、どのような状態を得ることができるのでしょうか。

1 標準基底による測定

量子コンピュータでは量子ビット $|\psi\rangle = \alpha |0\rangle + \beta |1\rangle$ が与えられた場合に直接 α, β を知ることはできません。その代わり量子ビットを読むことで"0"または"1"を得ることができます。1度だけ読んでも何もわかりませんが、繰り返し量子ビットを読むことで"0", "1"の分布を知ることができます。この量子ビットを読む操作のことを、**測定**または**観測**といいます。

1量子ビットは $|\alpha|^2 + |\beta|^2 = 1$ を満たす複素数 α, β と標準基底 $|0\rangle, |1\rangle$ を用いて $|\psi\rangle = \alpha |0\rangle + \beta |1\rangle$ という状態をとりました。この α, β のことを**確率振幅**と呼びます。$|\psi\rangle$ を標準基底 $|0\rangle, |1\rangle$ で測定すると、確率 $|\alpha|^2$ で"0"、$|\beta|^2$ で"1"を得ることができます。全確率は1なので、ここから $|\alpha|^2 + |\beta|^2 = 1$ となることがわかります。

また量子ビット $|\psi\rangle$ は測定によって特定の状態に変化します。$|\psi\rangle$ を標準基底で観測すると、"0"が測定された場合は $|0\rangle$ に、"1"が測定された場合は $|1\rangle$ に変化します。このように変化する理由は量子力学の公理で決まっているので、以下からはこれを認めるものとします。

次に複数の量子ビットについて、n 量子ビットの場合は $\sum_{j=0}^{n-1} |c_j|^2 = 1$ を満たすような複素数 $c_0, \cdots, c_{n-1}$ と標準基底 $|00\cdots00\rangle \cdots |11\cdots11\rangle$ を用いて $\sum_{j=0}^{n-1} c_j |j\rangle$ という状態をとりました。1量子ビットの場合と同様に $c_j, (0 \leq j \leq n-1)$ のことを確率振幅と呼び、標準基底で測定すると、確率 $|c_j|^2$ で"j"を得ることができます。

この確率はベクトルの内積を用いることで求めることができます。

例えば、1量子ビット $|+\rangle$ を標準基底 $|0\rangle$, $|1\rangle$ で測定しましょう。このとき、"0", "1" が測定される確率はそれぞれ以下のようになります。

$$\left|\langle +|0\rangle\right|^2 = \left|\frac{1}{\sqrt{2}}\langle 0|0\rangle + \frac{1}{\sqrt{2}}\langle 1|0\rangle\right|^2 = \left|\frac{1}{\sqrt{2}}\right|^2 = \frac{1}{2}$$

$$\left|\langle +|1\rangle\right|^2 = \left|\frac{1}{\sqrt{2}}\langle 0|1\rangle + \frac{1}{\sqrt{2}}\langle 1|1\rangle\right|^2 = \left|\frac{1}{\sqrt{2}}\right|^2 = \frac{1}{2} \cdots (2.3.1)$$

$\langle 0|0\rangle = 1$, $\langle 1|0\rangle = 0$ となることは、2章1節4項のブラケット記号の説明から容易に計算できると思います。

2 標準基底以外の基底による測定

先ほどは標準基底 $|0\rangle$, $|1\rangle$ で測定しましたが、2章1節で出てきた状態 $|+\rangle$, $|-\rangle$ で測定する場合もあります。この部分に関して一般化してみましょう。

例として1量子ビット $|\psi\rangle = \alpha|0\rangle + \beta|1\rangle$ を $|+\rangle$, $|-\rangle$ で書き直してみます。

$$|\psi\rangle = \alpha|0\rangle + \beta|1\rangle = \frac{\alpha + \beta}{\sqrt{2}}|+\rangle + \frac{\alpha - \beta}{\sqrt{2}}|-\rangle \cdots (2.3.2)$$

この量子ビット $|\psi\rangle$ を $|+\rangle$, $|-\rangle$ で測定すると、確率 $\left|\dfrac{\alpha + \beta}{\sqrt{2}}\right|^2$ で"+"、確率 $\left|\dfrac{\alpha - \beta}{\sqrt{2}}\right|^2$ で"−"を得ることができます。またこのとき量子ビット $|\psi\rangle$ は測定によって"+"が測定された場合は $|+\rangle$ に、"−"が測定された場合は $|-\rangle$ に変化します。

一般に正規直交基底 $|a\rangle$, $|b\rangle$ に対して、1量子ビットを $|\psi\rangle = \alpha|a\rangle + \beta|b\rangle$ と表現します。このとき、量子ビット $|\psi\rangle$ を $|a\rangle$, $|b\rangle$ で測定すると、確率 $|\alpha|^2$ で"a"、$|\beta|^2$ で"b"を得ることができます。

この場合の確率もベクトルの内積を用いることで求めることができます。

例えば、1量子ビット $|\psi\rangle = \alpha|0\rangle + \beta|1\rangle$ を標準基底 $|+\rangle$, $|-\rangle$ で測定しましょう。このとき、"+", "−"が測定される確率はそれぞれ以下のようになります。

$$| \langle \psi | + \rangle |^2 = \left| \frac{\alpha + \beta}{\sqrt{2}} \langle + | + \rangle + \frac{\alpha - \beta}{\sqrt{2}} \langle - | + \rangle \right|^2 = \left| \frac{\alpha + \beta}{\sqrt{2}} \right|^2$$

$$| \langle \psi | - \rangle |^2 = \left| \frac{\alpha + \beta}{\sqrt{2}} \langle + | - \rangle + \frac{\alpha - \beta}{\sqrt{2}} \langle - | - \rangle \right|^2 = \left| \frac{\alpha - \beta}{\sqrt{2}} \right|^2 \cdots \ (2.3.3)$$

3 物理量の測定

量子力学では粒子の位置、運動量、角運動量、エネルギーなどの**物理量**を考えます。もちろんこれらの物理量は測定可能である必要があります[4]。ここでは物理量Aについて、それに対応する行列$\hat{A}$が存在するものとします。この物理量の測定について考えましょう。

$\hat{A}$はn個の量子ビット$|\psi_j\rangle$を用いて、以下の等式が成り立ちます。

$$\hat{A} |\psi_j\rangle = a_j |\psi_j\rangle , (0 \leq j \leq n-1) \cdots \ (2.3.4)$$

各a_jは実数となります[5]。この各量子ビット$|\psi_j\rangle$のことを固有ベクトルと呼び、測定値a_jのことを固有値と呼びます。$|\psi_j\rangle$は正規直交基底となります。

次に$|\psi_j\rangle$を用いて量子ビット$|\psi\rangle$を展開することを考えます。

$$|\psi\rangle = \sum_{j=0}^{n-1} c_j |\psi_j\rangle \cdots \ (2.3.5)$$

c_jは複素数です。このとき、$|\psi\rangle$を物理量Aで測定すると確率$|c_j|^2$でa_jを得ることができます。確率の総和は1であるので$\sum_{j=0}^{n-1} |c_j|^2 = 1$となることがわかります。

例えば物理量Zに対応する行列$\hat{Z}$を考えます。この行列$\hat{Z}$はZゲート (2.2.1) です。Zゲートの標準基底$|0\rangle , |1\rangle$への作用 (2.2.1') から$\hat{Z}$は以下の等式が成り立ちます。

$$\hat{Z} |0\rangle = |0\rangle , \hat{Z} |1\rangle = - |1\rangle$$

[4] オブザーバブル（観測可能量）
[5] したがって$\hat{A}$はエルミート行列となる。

したがって1量子ビット $|\psi\rangle = \alpha |0\rangle + \beta |1\rangle$ を物理量Zで測定すると、確率$|\alpha|^2$ で1、$|\beta|^2$ で-1を得ることができます。これは標準基底による測定と同じことがわかります。このことから標準基底$|0\rangle , |1\rangle$ による観測はZ測定とも呼びます。

●期待値

物理量の測定から自然に測定値の平均値を考えることができます。物理量Aの平均値は以下のように表現できます。

$$\sum_{j=0}^{n-1} a_j |c_j|^2 \cdots \text{(2.3.6)}$$

これは内積を用いて以下のようにも表すことができます。

$$\sum_{j=0}^{n-1} a_j |c_j|^2 = \sum_{j=0}^{n-1} \langle\psi_j| \hat{A} |\psi_j\rangle c_j^\dagger \langle\psi_j| |\psi\rangle = \sum_{j=0}^{n-1} c_j^\dagger \langle\psi_j| \hat{A} |\psi_j\rangle \langle\psi_j| \sum_{k=0}^{n-1} c_k |\psi_k\rangle =$$

$$\sum_{j=0}^{n-1} c_j^\dagger \langle\psi_j| \hat{A} \sum_{k=0}^{n-1} c_k |\psi_k\rangle = \langle\psi| \hat{A} |\psi\rangle \cdots \text{(2.3.7)}$$

このような測定値の平均$\langle\psi| \hat{A} |\psi\rangle$ のことを期待値と呼びます。

例えば物理量Zの期待値$\langle\psi| \hat{Z} |\psi\rangle$ は以下のように計算できます。

$$\langle\psi| \hat{Z} |\psi\rangle = 1 \cdot |\alpha|^2 + (-1) \cdot |\beta|^2 = |\alpha|^2 - |\beta|^2$$

04 量子のもつれ

2章1節5項では、量子ビットのテンソル積を用いて標準基底を定義しました。よって任意の量子ビットはテンソル積の状態の重ね合わせによって表現できます。

このように1量子ビットのテンソル積によって複数の量子ビットを表現することはできましたが、逆に任意のn量子ビットを考えた場合に、各1量子ビットのテンソル積に分解することはできるのでしょうか。

1 量子もつれとは

例えば2つの1量子ビット $|\psi\rangle = {}^t(\ a_0 \quad a_1\ )$, $|\phi\rangle = {}^t(\ b_0 \quad b_1\ )$ のテンソル積は以下のように定義されました。

$$|\psi\rangle \otimes |\phi\rangle := \begin{pmatrix} a_0\,|\phi\rangle \\ a_1\,|\phi\rangle \end{pmatrix} := \begin{pmatrix} a_0 b_0 \\ a_0 b_1 \\ a_1 b_0 \\ a_1 b_1 \end{pmatrix} \cdots (2.4.1)$$

このようにテンソル積で表現できる状態のことを積状態といいます。一方で、1量子ビットのテンソル積のみで記述できない状態も存在します。この状態のことを、**量子もつれ**または**エンタングル**といいます。

2つの1量子ビットをそれぞれ $|\psi\rangle$, $|\phi\rangle$ とします。このとき積状態は定義からテンソル積を用いて $|\psi\rangle \otimes |\phi\rangle$ と表すことができます。例えば以下の2量子ビットを考えてみましょう。

$$|+\rangle \otimes |+\rangle = \frac{1}{2}(|00\rangle + |01\rangle + |10\rangle + |11\rangle) \cdots (2.4.2)$$

$$\frac{1}{\sqrt{2}}(|00\rangle + |11\rangle) \cdots (2.4.2')$$

式 (2.4.2) は見てわかるように積状態となります。では式 (2.4.2') はどうでしょうか。

実際にテンソル積に分解してみます。

まずは量子ビット $|\psi\rangle , |\phi\rangle$ を以下で定義します。

$$|\psi\rangle = \begin{pmatrix} a_0 \\ a_1 \end{pmatrix} \ , \ |\phi\rangle = \begin{pmatrix} b_0 \\ b_1 \end{pmatrix}$$

式 (2.6.2') が $|\psi\rangle \otimes |\phi\rangle$ で表せると仮定した場合に次のような等式になります。

$$|\psi\rangle \otimes |\phi\rangle = \begin{pmatrix} a_0 b_0 \\ a_0 b_1 \\ a_1 b_0 \\ a_1 b_1 \end{pmatrix} = \frac{1}{\sqrt{2}}(|00\rangle + |11\rangle) = \frac{1}{\sqrt{2}} \begin{pmatrix} 1 \\ 0 \\ 0 \\ 1 \end{pmatrix}$$

ベクトルが等しい場合、ベクトルの各成分が等しいので、さらに以下の等式が成り立ちます。

$a_0 b_0 = \frac{1}{\sqrt{2}} \quad \cdots (1)$

$a_0 b_1 = 0 \quad \cdots (2)$

$a_1 b_0 = 0 \quad \cdots (3)$

$a_1 b_1 = \frac{1}{\sqrt{2}} \quad \cdots (4)$

ここで (2) の式をまず考えます。a_0, b_1 は複素数なので $a_0 b_1 = 0$ から $a_0 = 0$ または $b_1 = 0$ となります。それぞれの場合を計算します。

● $a_0 = 0$ のとき

(1) の式の左辺は $a_0 b_0 = 0$ となり、元の等式と矛盾します。したがって $a_0 \neq 0$ です。

● $b_1 = 0$ のとき

(3) の式の左辺は $a_1 b_1 = 0$ となり、これも元の等式と矛盾するので $b_1 \neq 0$ となります。

これらのことから (2) の等式を満たす a_0, b_1 が存在しないので $|\psi\rangle \otimes |\phi\rangle$ の形で表すことができないことが示されました。

このように積状態で記述できない状態を量子もつれといいます。

2 GHZ状態

● Bell状態

2量子ビットもつれには**Bell状態**という特別な状態があります。

$$\left|\Phi^{\pm}\right\rangle = \frac{1}{\sqrt{2}}(|00\rangle \pm |11\rangle) \,, \ \left|\Psi^{\pm}\right\rangle = \frac{1}{\sqrt{2}}(|01\rangle \pm |10\rangle) \ \cdots \ (2.4.3)$$

これら $\left|\Phi^{\pm}\right\rangle$, $\left|\Psi^{\pm}\right\rangle$ の状態を Bell状態といいます。これを利用した有名な例として量子テレポーテーション (4章4節を参照) があります。

● GHZ状態

2量子ビットと同様に3量子ビット以上の量子もつれ状態の例を紹介します。

$$\frac{1}{\sqrt{2}}(|000\rangle + |111\rangle) \ \cdots \ (2.4.4)$$

この状態を **GHZ状態** (Greenberger–Horne–Zeilinger state) といいます。これは2量子ビットもつれと同様に計算すると1量子ビットと2量子ビットの積状態、ましてや1量子ビットずつの積状態でも表現することができません。つまり3量子ビットがすべてもつれている状態になっています。4章3節では、実際にこの状態の量子回路を作成しています。

量子ゲートの条件

1量子ビット $|\psi\rangle = \alpha\,|0\rangle + \beta\,|1\rangle$ を用意します。このときの α, β は以下の条件を満たします。

$$\langle\psi|\psi\rangle = |\alpha|^2 + |\beta|^2 = 1$$

この状態 $|\psi\rangle$ に量子ゲート U をかけます。かけた状態 $U\,|\psi\rangle$ も量子ビットであるので上の式の条件を満たします。

$$\langle\psi|\,U^\dagger U\,|\psi\rangle = 1$$

任意の α, β について成り立つので $U^\dagger U = U U^\dagger = I$ でなければなりません。この条件を満たす行列をユニタリ行列と呼びます。そのため量子ゲートは、ユニタリ行列である必要があります。

CHAPTER 3

IBM Quantumを
使った量子計算

　本章では、IBM社の量子コンピュータを用いて計算を
行うために必要な準備、環境について説明します。実際
に量子コンピュータを使用する、と聞くととてもたいそ
うなことに思われるかもしれません。しかしIBM社の整
備したクラウドエコシステムを利用することにより、量
子コンピュータ本体を目にすることこそないものの、通
常のPCを用いた計算とそう変わらぬ手軽さで量子コン
ピュータを使用することができます。

　現在、このようにしてアクセスが可能な量子コン
ピュータでできることは、非常に限られています。しか
し、たとえ小規模であっても、量子計算に特有の結果が
得られることは感動に足ることでしょう。

01 量子プログラミングとは

量子コンピュータで計算を実行するためには、量子コンピュータのためのプログラミングが必要です。ここでは、量子コンピュータと古典コンピュータのプログラミングの違いを認識し、実際に量子コンピュータのプログラミングがどのように行われるかを確認しましょう。

1 量子プログラミングと古典プログラミング

古典コンピュータは、0または1の値をとる「ビット」に対して、論理ゲートを作用させて、ビットの値を操作することで計算を行いました。

量子コンピュータにおいては、ビットの量子対応である「量子ビット」に対して論理ゲートの量子対応である「量子ゲート」を作用させ、量子状態を操作することで計算を行います。

コンピュータに計算をさせるためには、実行させたい計算内容を記述する必要があります。例えば古典コンピュータに何かをさせたい場合、人間はCやPythonといったプログラミング言語によってそれを記述するでしょう。量子コンピュータに計算をさせる場合もその内容を量子コンピュータに合わせた方法でプログラミングをする必要があります。

古典コンピュータによるプログラミング（古典プログラミング）と現在の量子コンピュータによるプログラミング（量子プログラミング）では、抽象度が大きく異なります。現代の古典プログラミングでは、例えば「43 × 47 = 2021」という計算を行う際、個別のレジスタに対する論理操作を意識する必要はまずありません。さらにはwebサイトの作成などといった、はるかに複雑なことを行うためのフレームワークもそろっています。そのため、我々はビット演算やブール代数を知らなくても古典プログラミングでたくさんのことができます。

それに対して現在の量子プログラミングは、主に量子ゲート単位で量子アルゴリズムに基づいた操作を記述します。これは、古典プログラミングでレジスタを明示的に指定して論理ゲートを作用させるようなものです。よって量子プログラミングを行うには、量子力学の原理や計算規則について一定の理解が必要です。とはいえ、量子アルゴリズムを理解するためには、必ずしも高度な数学・物理の知識は必要ありません。2章で説明したような量子計算における計算規則は、線形代数と複素数の基礎があれば、ほぼ理解できます。

現在は量子計算を行うための様々なツールが整備されているため、実際に動かしながら学ぶことができます。数式から理解したい方は数式から学び、動作から理解したい方はまず量子計算を実行してみるのもよいでしょう。

2　量子コンピュータと古典シミュレータ

量子計算を実行しながら学習する上で、❶クラウドを通じて実際の量子コンピュータで実行する、❷古典コンピュータ上で動くシミュレータで実行する、の2通りの方法があります。

❶は実際のハードウェアに存在する制限（ノイズや量子ビット同士の接続性）を学ぶことができます。ただし、結果にノイズが含まれる点は、アルゴリズムの理論的な動作検証をするには不向きです。また、量子コンピュータのJOB投入状況次第では、計算実行まで時間がかかる場合があります。

❷はハードウェアの制限を必ずしも反映しませんが、ノイズなどの存在しない理想的な動作検証が可能です。また、JOB投入状況に左右されないぶん、回路が大規模にならない限りは❶よりも実行が早いです。

例えば本書で紹介する量子アルゴリズムの実装コードは、動作の理論的な理解を重視しシミュレータでの実行を想定しています。また、3章で量子コンピュータのエラーを学ぶ際には、実際の量子コンピュータによる計算を行っています。

3　量子プログラミングを行ってみる

量子プログラミングのイメージをつかむため、ごく簡単な量子計算を実行してみましょう。

プログラミングというと、まずコードを書くことをイメージすると思います。量子プログラミングはコードによる記述も行いますが、それに加えて**量子回路図**という表現

があります。

　量子回路図は、古典計算における論理ゲート同士を線でつないだ論理回路図の量子
対応です。量子プログラミングは個々の量子ゲート単位で記述するため、アルゴリズ
ムの説明に量子回路図が用いられることが非常に多いです。

▼図3-1　（古典）論理回路図のイメージ

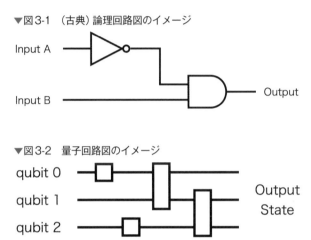

▼図3-2　量子回路図のイメージ

　量子回路図を用いると、量子プログラミングを視覚的、直感的に行うことができま
す。IBMは、IBM Quantum Experience内にGUIによる量子計算環境を提供してい
ます。これは次のような手順でIBM Quantum Experience 用にアカウントを作成す
れば無料で利用できます。

4　IBM Quantum Experience のアカウントの作成

　まず、以下のIBM Quantum Experienceのwebページにアクセスし、右下のリンク
"Create an IBMid account"からIBMidアカウントを新規作成しましょう。

　URL　https://quantum-computing.ibm.com/

　以下はQiskitの公式ドキュメント[1]、およびIBM Quantum Experience内のド
キュメント[2]を参考として記載しています。

▼図3-3　IBM Quantum Experienceのwebページ

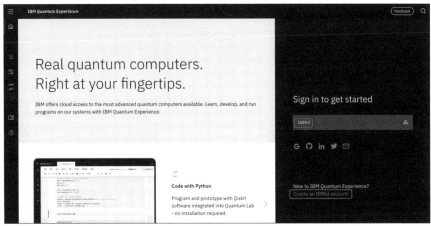

作成した**IBMid**を用いてサインインすると、以下のような画面が表示されます。
右上隅の人型マークをクリックし、メニューから"My Account"をクリックします。
すると次の画面に移ります。

▼図3-4　サインイン後の画面

▼図3-5　アカウント情報

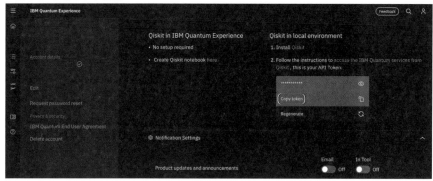

　この画面より得られるトークンが後に必要になることを覚えておいてください（画面右の"Copy token"をクリックすると、クリップボードにコピーされます）。

　IBM Quantum Experienceにログイン後、左端のタブメニューから「Circuit Composer」を選択すると、次の図のような画面が開きます。

▼図3-6　IBM Quantum Experience Circuit Composer（1）

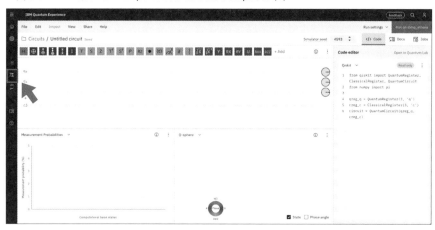

　画面左上部が量子回路を作成するスペースです。

▼図3-7　量子回路作成スペース

　シンボルq_0, q_1, q_2は、それぞれ量子ビットを表します。その下のシンボル$c3$は量子ビットの測定値を保存するための古典ビットを表します。3量子ビット回路なので3ビットが確保されています。各シンボルから伸びる横線上に、各量子ビットに作用する量子ゲートを配置します。

　まずはq_0にNOTゲート（Xゲート）を配置してみましょう。上部のゲート群から⊕をマウスでドラッグ＆ドロップし、q_0の線上に置きます。するとバックで量子コンピュータのシミュレータが実行され、画面下部に計算結果が表示されます。

▼図3-8　IBM Quantum Experience Circuit Composer（2）

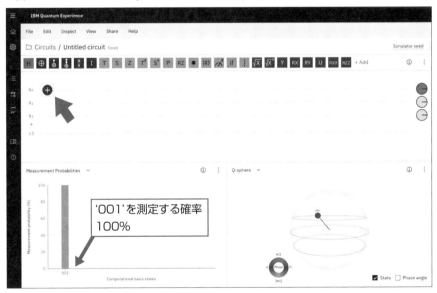

図3-8の左下の「Measurement Probabilities」は、量子回路出力の標準基底における各状態の測定確率を表示しています。ここでは初期状態 $|000\rangle$ から q_0 のみにNOTゲートを作用させたため、確率1で'001'が測定されます。

注意点として本GUI環境、および後に紹介するQiskitでは q_0 を最下位量子ビットとし $|q_2\,q_1\,q_0\rangle$ と表記する仕様です。一方数式による説明や他の量子プログラミング言語では q_0 を最上位ビットとする場合も多く、注意が必要です。

「Q-sphere」は量子回路出力の状態を視覚的に表したものです。Bloch球と見た目は似ていますが、Q-sphereは複数量子ビットの状態を表すように工夫がされています。

上記2つの他、量子回路出力の標準基底における各状態の振幅を表す「Statevector」を表示することもできます。

次に、量子計算の大きな特徴である'0'と'1'の重ね合わせ状態を作りましょう。先程のNOTゲートを消し、代わりにHゲートを置きましょう。すると測定確率は'000'が50%、'001'が50%となり、q_0 が'0'と'1'の重ね合わせ状態になっていることがわかります。

▼図3-9　IBM Quantum Experience Circuit Composer (3)

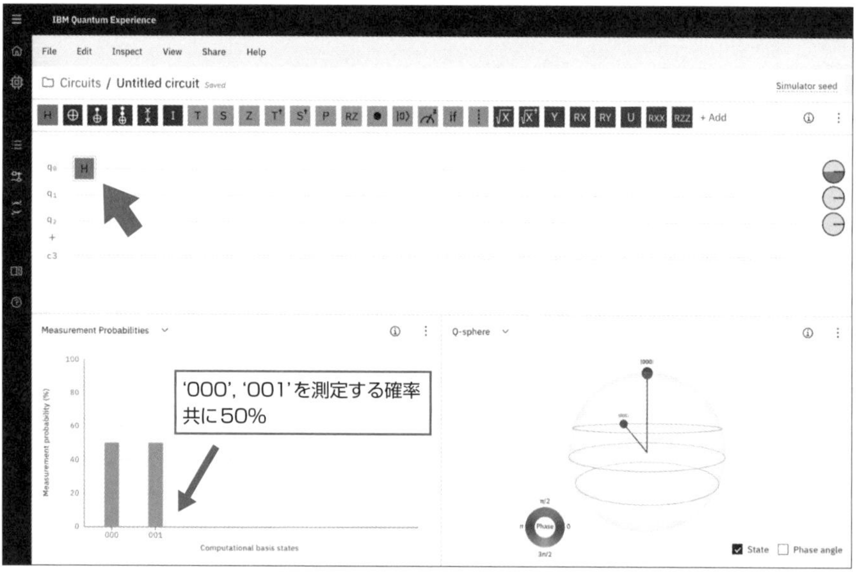

'000', '001'を測定する確率
共に50%

さらにq_1, q_2にもHゲートを置くと、'000'から'111'までの8状態の重ね合わせとなります。

▼図3-10　IBM Quantum Experience Circuit Composer（4）

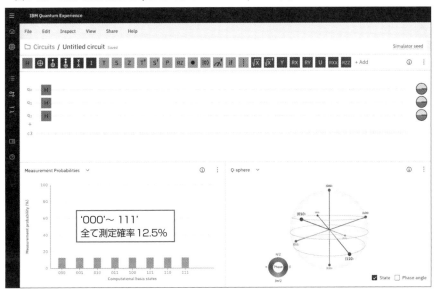

重ね合わせ状態を測定するとどうなるでしょうか。各Hゲートの右側に測定ゲートをドラッグ＆ドロップし、測定を行いましょう。その後「Measurement Probabilities」を見ると、重ね合わされた8状態のうち、1状態のみが残ります。これは標準基底による測定によって状態がある1つの基底状態に確定したことを表します。

▼図3-11　IBM Quantum Experience Circuit Composer (5)

どの状態となるかは確率的に決まり、シミュレータにおいては乱数で決定されます。本GUI環境では、バックで実行されるシミュレータに与える乱数のシードによって測定される状態が決まります。右上の「Simulator seed」の値を変えて測定後の状態が変わることを確認しましょう。

▼図3-12　IBM Quantum Experience Circuit Composer (6)

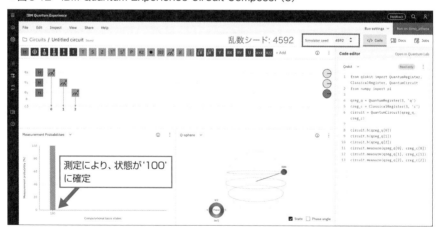

最後に、これもまた量子計算の特徴である状態の「もつれ」を作ってみましょう。

量子ゲートをすべて削除し、q_0に、まずHゲートを置きます。その右にCNOTゲー

トを置きます。CNOTゲートは2量子ビットゲートなので、2つの量子ビットにまたがって配置されます。ドット状となっている側が制御量子ビット上に、反対側はターゲット量子ビット上に置かれます。

このような量子回路の出力は、必ず'000'または'011'となります。この出力から量子ビットq_0を測定すると'0'または'1'どちらかの結果が得られます。q_0で'0'が測定された場合、q_0だけでなくq_1の状態も$|0\rangle$に確定します。もつれ状態では、このようにq_0の測定によってq_1の状態が確定するという不思議なことが起こり、量子計算で用いられる重要な性質の1つです。

▼図3-13　IBM Quantum Experience Circuit Composer（7）

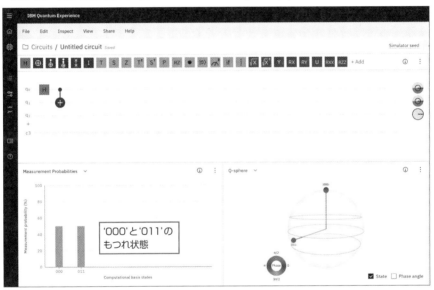

このようにGUIを用いた量子プログラミングも可能ですが、長く複雑な量子回路となるとGUI上の手作業で構築することが難しくなります。また繰り返し処理などを用いた効率の良い記述も求められます。そのためにはコードによる記述が不可欠です。

量子回路をコーディングするために、Qiskitをはじめとした様々な量子計算SDKが提供されています。これらはPythonなどの古典プログラミング言語で書かれており、古典コンピュータ上で実行します。量子計算SDKは量子コンピュータの古典シミュ

レータとしての機能を持ち、記述した量子回路をそのままシミュレートできます。

　また、Qiskitは作成した量子回路を、IBMがクラウドを通じて提供している量子コンピュータで実行する機能を持ちます。そのためシミュレータで実行した量子回路を変更することなく、すぐに量子コンピュータで実行することができます。

　図3-12のIBM Quantum Experience Circuit Composerの右側にある「Code editor」では、GUIで作成した量子回路のコードによる記述を見ることができます。ここではQiskitによる記述とOpenQASM 2.0による記述を選択することができます。OpenQASMとは、Qiskitなどの量子プログラミング言語と量子コンピュータハードウェアの間の中間表現で、ハードウェア記述言語に相当します。

　最初はGUI量子回路とCode editorの出力を利用してコーディングに慣れていくのもよいでしょう。

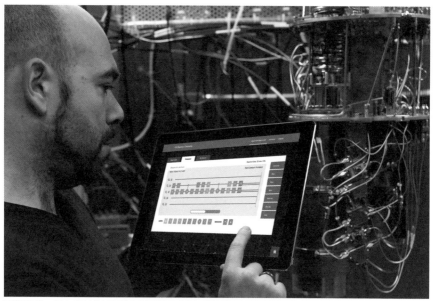

画像出典：日本IBM（オリジナル画像を白黒で使用）

02 IBM Quantum実行環境の準備

"IBM Quantum"は、IBM社が製造しクラウド上でアクセス可能としている量子コンピュータです。本節では、IBM Quantumにて自身の作成した量子回路を実行する準備を記します。

1 IBM Quantumの実行準備

ユーザーが**IBM Quantum**を用いて量子計算をするためには、通常のラップトップPCがあれば十分です。

また、以下の2点が必要です（すでに用意されている方は読み飛ばして頂いて問題ありません）。

• IBM Quantum Experienceのアカウント
• Qiskitまたはその他IBM Quantumにジョブ投入可能な量子計算SDKの実行環境（本節ではQiskitのみを扱います）

"IBM Quantum Experience"のアカウントを取得する方法は、前節を参照してください。

以下は、Qiskitの公式ドキュメント[1]、およびIBM Quantum Experience内のドキュメント[2]を参考にして記載しています。

2 Qiskit実行環境の作成

手元のPCにQiskitをインストールしましょう。

Qiskitの公式ドキュメント[1]ではAnacondaを用いた方法が推奨されています。

Anacondaとは、Pythonによる科学計算を行う環境を構築するために必要なツール群がパッケージされた、Pythonディストリビューションです。

以下のURLからインストール先PCのOSに対応したインストーラをダウンロードし、実行しましょう。

URL https://www.anaconda.com/products/individual#

　GUIインストーラを選択した場合、画面の指示に従い選択肢をクリックすればインストールは完了します。詳細はAnacondaの公式ドキュメント[3]などを参照してください（Anacondaを使わずに自身の用意した環境にQiskitをインストールすることももちろん可能です）。

　次にcondaコマンドを用いてQiskit用の仮想環境を作成しましょう。

　Windowsの場合はAnaconda Promptから、Mac/Linuxの場合はターミナルから以下のコマンドを実行します。

```
conda create -n my_env python=3
```

　"my_env"の部分はqiskit用の環境に付けたい名前で置き換えてください。

　完了したら次のコマンドで仮想環境を有効にしましょう。

```
conda activate my_env
```

　Anaconda Promptまたはターミナルの先頭に"(my_env)"が表示されるはずです。

▼例（Windowsの場合）

```
(my_env) C:\Users\user_name>
```

　次にpipコマンドを用いてQiskitをインストールしましょう。

```
pip install qiskit
```

3 Jupyter notebookでサンプルコードを実行する

本書の以降のサンプルコードは、Jupyter notebook上での実行を想定してます。

Jupyter notebook（https://jupyter.org/）とは、ブラウザ上でPythonなどのプログラミング言語をインタラクティブに実行することが可能なツールです。

コードが「セル」と呼ばれる単位で分割されているため、コードの一部を変更しながらの試行錯誤がしやすい、コードの間にマークダウン書式による優れたドキュメンテーションを記載することが可能であるといった特徴をもっています。そのため、研究開発や教育、チュートリアルなどに多く用いられています。もちろん、Pythonプログラムを実行できる他のツールで、Qiskitを用いた量子プログラミングを行うことも十分可能です。

Anacondaを用いて作成した仮想環境でしたら、Jupyter notebookはすでに使用可能となっているでしょう。あらためてインストールする場合は、以下のコマンドを実行します。

```
conda install jupyter
```

以下のコマンドをAnaconda Prompt、またはターミナル上で実行すると、ブラウザ上でJupyter notebookが起動します。

```
jupyter notebook
```

▼図3-14　Jupyter notebookが起動する

起動した画面で右上の「New」をクリックし、「Python 3」を選択すると、Python用の新規ノートブックが起動します。

▼図3-15　Jupyter notebookの新規ノートブック

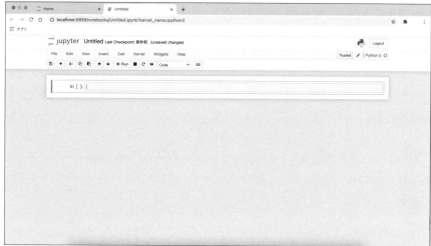

　起動したノートブック画面のセル内にコードを書きこみ、「Shift + Enter」で実行します。すると、実行結果がセルの下に表示されます。

▼図3-16　実行結果が表示された

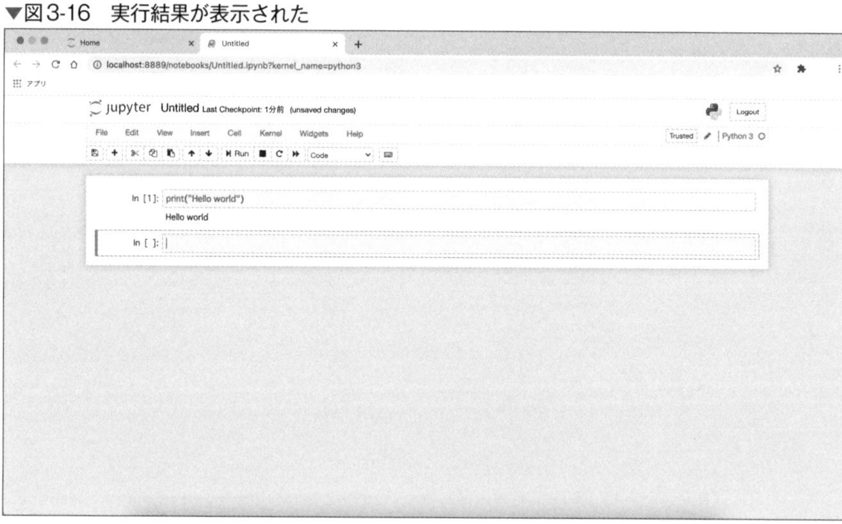

その他の使い方の詳細については、web上のドキュメントなどを参照してください。
https://mybinder.org/v2/gh/ipython/ipython-in-depth/master?filepath=binder/
Index.ipynb

最後にAnaconda Prompt上で起動したpython、またはJupyter notebookにおいて
以下を実行しましょう。「my_token」の部分には、3章1節4項で確認したトークンを
貼り付けます。

```
from qiskit import IBMQ
IBMQ.save_account('my_token')
```

このコードは環境構築時に一度だけ実行します。

実行するとqiskitrcファイルに認証情報が保存されます。これによって今後は、
IBMQ.load_account()を実行し、認証情報を読み込むことができます。

この認証は、qiskitからIBM Quantum量子コンピュータハードウェアにジョブを投
入するために必要なものです。

トークンは大切な認証情報です。誤ってトークンが書かれたファイルをgithubなど
で公開しないよう、取り扱いに注意してください。

画像出典：日本IBM（オリジナル画像を白黒で使用）

03 量子回路の作成

ここではQiskitで**量子回路**を作成、実行してみましょう。

1 量子回路の作成

以下の量子回路実装コードは非常にシンプルな例です。

```
from qiskit import QuantumCircuit

qc = QuantumCircuit(2)

qc.h(0)
qc.cx(0, 1)

qc.draw('mpl')
```

まず初期化された量子回路を

qc = QuantumCircuit (量子ビットの数)

として用意します。

量子回路qcのメソッドとして、量子ゲートを順番に追加していきます。

1量子ビットゲートはターゲットとなる量子ビットのindexを引数にとります。回転ゲートなどはさらに回転角を引数にとります。

2量子ビットゲートは制御量子ビットとターゲット量子ビットのindexを引数にとります。回転角を指定可能な2量子ビットゲートはさらに回転角を引数にとります。

Qiskitコード上でプログラミングした量子回路は、qc.draw('mpl')で描画できます（('mpl')は回路の見た目に関するオプションです）。

例えば、上記コードを実際に描画した量子回路図は次のようになります。

▼図3-17　コードを表現した量子回路図

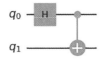

　上の例ではHゲートとCXゲートを用いましたが、Qiskitをはじめとした量子計算
SDKには2章で紹介したような量子ゲートは基本的にすべて実装されています。

　量子回路図の書き方は、厳密には定められていませんが、基本的な書き方は共通し
ています。ここではQiskitの出力する量子回路を例として、前節より詳しく量子回路
図の見方、用語を確認しましょう。
　下の図は、4章で扱う量子テレポーテーションと呼ばれる量子アルゴリズムを実行
するための量子回路図をQiskitにより描画したものです。

▼図3-18　量子回路図例（量子テレポーテーション）

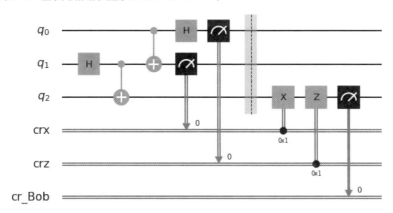

　量子回路は、量子ビットを格納する量子レジスタと、古典ビットを格納する古典レ
ジスタの2種類を持ちます。ただし、古典レジスタは省略し、量子回路のみを記述する
場合もあります。図における量子レジスタのサイズ（＝量子ビット数）は3であり、各
量子ビットはシンボル（q_0, q_1, q_2）で表されています。各シンボルから伸びる横線上に、
各量子ビットに作用する量子ゲートを配置します。量子回路図においては、左側の量

子ゲートから順に作用します。一方、数式で例えば$HX|0\rangle$と書くとXゲート、Hゲートの順で右側から作用させるように見えるため、混同しないよう注意してください。

　古典ビットは図上でシンボル（crx, crz, cr_Bob）で表され、同じく二重横線上に各古典ビットに対する処理が記述されます。またQiskitにおいて量子／古典ビットのシンボル名は任意に設定することができます。

　量子ビットに作用する量子ゲートの記法について確認しましょう。1量子ビットゲートは図中のHゲートのように、「四角枠内にゲート種類を表すシンボル」で表されます。また、RX, RY, RZゲートのような回転角パラメータを持つ1量子ビットゲートの場合は回転角も明示されます。

　2量子ビットゲートは、図3-18のCXゲートのように、2つの量子ビットにまたがって配置されます。制御量子ビット側は点で表されます。ターゲット量子ビット側はゲート種類に応じた記号で表され、CXゲートの場合は⊕で表されています。3量子ビット以上に作用するゲートも同様の記法を拡張します。

　また、1または複数の量子ビットに作用する任意のユニタリ変換を表す量子ゲートを示す場合は、図3-19のように作用させる量子ビットにまたがる四角で表します。

▼図3-19　任意ユニタリゲートを用いた量子回路図の例

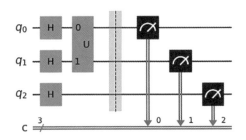

　測定ゲートも1量子ビットゲートと同様に、四角＋測定シンボルで表されますが、測定結果をどの古典ビットに記録するかを示す矢印が古典レジスタ方向に伸びています。上記の量子テレポーテーション回路では、古典レジスタに格納した測定値を制御ビットとして量子ゲートを実行しています。

2 量子回路の実行

次に、量子回路を実行しましょう。

Qiskitは量子回路の実行において様々なシミュレータや実機をバックエンドとして提供しています。本節では以下を代表的なバックエンドとして紹介します。

❶ 'statevector_simulator'
❷ 'unitary_simulator'
❸ 'qasm_simulator'
❹ 各量子コンピュータハードウェア

❶ 'statevector_simulator'

理想的な量子回路における出力状態ベクトルを計算します。

```python
from qiskit import QuantumCircuit
from qiskit import Aer, execute

qc = QuantumCircuit(2)

qc.h(0)
qc.cx(0, 1)

backend = Aer.get_backend('statevector_simulator')
results = execute(qc, backend=backend).result()
state_vec = results.get_statevector(qc)

print(state_vec)
```

▼実行結果
```
[0.70710678+0.j 0.        +0.j 0.        +0.j 0.70710678+0.j]
```

2量子ビットからなる回路なので、2^2個の要素を持つ状態ベクトルが出力されました。この量子回路の出力 $\frac{1}{\sqrt{2}}(|00\rangle + |11\rangle)$ が正しく得られています。

❷ 'unitary_simulator'

理想的な量子回路と等価なユニタリ変換行列を計算します。

```
from qiskit import QuantumCircuit
from qiskit import Aer, execute
import numpy as np

qc = QuantumCircuit(2)

qc.h(0)
qc.cx(0, 1)

backend = Aer.get_backend('unitary_simulator')
results = execute(qc, backend=backend).result()
unitary_mat = results.get_unitary(qc)

# そのまま出力すると見辛いため値を丸めています
print(np.round(unitary_mat, 4))
```

▼実行結果
```
[[ 0.7071+0.j   0.7071-0.j   0.    +0.j   0.    +0.j]
 [ 0.    +0.j   0.    +0.j   0.7071+0.j  -0.7071+0.j]
 [ 0.    +0.j   0.    +0.j   0.7071+0.j   0.7071-0.j]
 [ 0.7071+0.j  -0.7071+0.j   0.    +0.j   0.    +0.j]]
```

$2^2 \times 2^2$ サイズのユニタリ行列が得られました。

❸ 'qasm_simulator'

上記2つのバックエンドは状態ベクトルにせよユニタリ行列にせよ、量子状態の計算結果を直接確認するものでした。

しかし我々が実際に量子コンピュータを使用する時は出力される量子状態を直接、完全に知ることはできません。必ず"測定"により確率的に出力された結果を得ます。確率的ゆえに、時には同じ量子回路を複数回実行して結果をサンプリングする必要が生じます。

qasm_simulatorは複数回の測定・サンプリングを伴う量子回路実行が可能です。

まずは前述の量子回路に測定を加えましょう。

```
from qiskit import execute, Aer

qc = QuantumCircuit(2, 2)

qc.h(0)
qc.cx(0, 1)

qc.measure(0, 0)
qc.measure(1, 1)
qc.draw('mpl')
```

QuantumCircuitの第2引数に、測定結果を保存する古典レジスタのサイズを追加します。

多くの場合、量子レジスタと同数です。

測定ゲートの引数は次のとおり設定します。

qc.measure（測定する量子ビットindex, 測定結果を保存する古典レジスタindex）

コードを実行すると以下のような測定を含む量子回路が描画されます。

▼実行結果

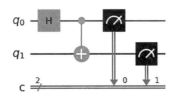

続けて以下を実行し、測定結果をサンプリングしてみましょう。

```
backend = Aer.get_backend('qasm_simulator')
shots = 1024
results = execute(qc, backend=backend, shots=shots).result()
answer = results.get_counts()

print(answer)
```

▼実行結果

```
{'00': 492, '11': 532}
```

qasm_simulatorでは測定ショット数を指定します（コード中では1024回としました）。

指定された回数分の測定が実行され、実行結果のように｛結果：カウント数｝として返されます。

上記"statevector_simulator"で計算したように、この量子回路の出力状態ベクトルは$|00\rangle$と$|11\rangle$の振幅が等しいため、'00'と'11'が等しい確率で測定されます。ただし測定は確率的な過程のため、実際の'00'と'11'のカウント数はある程度のばらつきを持ちます。

ショット数を大きくすることで状態ベクトルから得られる真の確率分布に近い結果を得られますが、そのぶん必要なリソースは増えます。これは実機でも同じことがいえます。

❹各量子コンピュータハードウェア

上記の量子回路を、IBMがクラウド上でアクセス可能としているマシンに投入しましょう。

まずは、自分のIBM Quantum Experienceアカウントからアクセス可能なマシンを確認します。ログイン後に表示される画面の右端に表示されています。

▼図3-20　IBM Quantumログイン後の画面

クリックすると、それぞれ量子ビットの接続やエラー率など詳細が確認できます。

量子ビット数、接続、エラー率、Queueに溜まっているジョブ数などから適切なマシンを選択しましょう。

例）"ibmq_athens"

▼図3-21　IBM Quantumマシンの詳細（ibmq_athers）

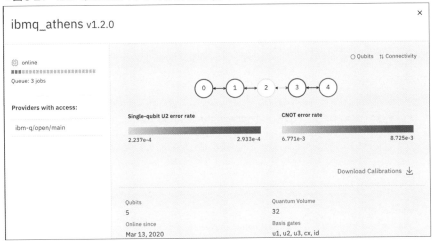

例）"ibmq_16_melbourne"

▼図3-22　IBM Quantumマシンの詳細（ibmq_16_melbourne）

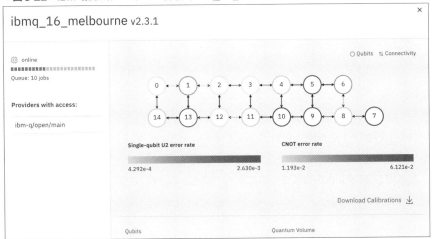

使用するマシンを決めたら以下を実行し、backendを設定します（2節で認証情報が正しく"qiskitrc"に保存されていることを前提としています）。

```
from qiskit import IBMQ

IBMQ.load_account()

provider = IBMQ.get_provider(group='open', project='main')
backend = provider.get_backend('ibmq_athens')
backend.configuration()
```

▼実行結果例

```
<qiskit.providers.models.backendconfiguration.
QasmBackendConfiguration at 0x126316880>
```

設定したbackendを引数にとり以下のように実行すると、ジョブがマシンに送信されます。

```
shots = 1024
job = execute(qc, backend=backend, shots=shots)
results = job.result()
answer = results.get_counts()

print(answer)
```

送信されたジョブはQueueに入り、実行され結果が返るまで一定時間（数分〜）を要します。

送信したジョブの状況や結果はIBM Quantum Experienceから確認可能です。

▼実行結果

```
{'00': 477, '01': 12, '10': 19, '11': 516}
```

マシンのゲート動作が一定のエラー率を持つことにより、シミュレータ上では生じない結果"01","10"が少数ですが測定されています。

以上でIBM Quantum量子コンピュータで自分の作成した回路を実行し、結果を得ることができました。

位相ゲートPと回転行列Rzの区別について

1量子ビットゲートの項で述べた位相ゲートPと回転ゲートRzには以下の関係式が成り立ちます。

$$Rz(\theta) = \begin{pmatrix} e^{-i\frac{\theta}{2}} & 0 \\ 0 & e^{i\frac{\theta}{2}} \end{pmatrix} = e^{-i\frac{\theta}{2}} \begin{pmatrix} 1 & 0 \\ 0 & e^{i\theta} \end{pmatrix} = e^{-i\frac{\theta}{2}} P(\theta)$$

よって、これらの量子ゲートはグローバル位相 $e^{-i\frac{\theta}{2}}$ を除き、等しいことがわかります。ではなぜ、わざわざ2つ量子ゲートを用意しているのでしょうか。この違いは制御ユニタリゲートにしてみるとわかります。2量子ビットゲートである CP, CRz ゲートをそれぞれ考えてみます。これらの量子ゲートを2量子ビット $|+\rangle \otimes |0\rangle$ に施すと以下のように計算できます。

$$CP(\theta)(|+\rangle \otimes |0\rangle) = CP(\theta)\left\{\frac{1}{\sqrt{2}}(|0\rangle + |1\rangle) \otimes |0\rangle\right\} = \frac{1}{\sqrt{2}}(|0\rangle + |1\rangle) \otimes |0\rangle$$

$$CRz(\theta)(|+\rangle \otimes |0\rangle) = CRz(\theta)\left\{\frac{1}{\sqrt{2}}(|0\rangle + |1\rangle) \otimes |0\rangle\right\} = \frac{1}{\sqrt{2}}\left(|0\rangle + e^{-i\frac{\theta}{2}}|1\rangle\right) \otimes |0\rangle$$

2つの式を見比べるとわかるようにターゲット量子ビットが $|0\rangle$ の場合にそれぞれの状態が異なることがわかります。この違いから、位相ゲート P と回転ゲート Rz が区別されているのです。

04 量子コンピュータとエラー

3章3節の最後で確認したように、現在の量子コンピュータによる計算は無視できないエラーを伴います。これらのエラーについて知り、また影響を軽減することは量子コンピュータを利用する上で重要です。

1 ノイズモデルを用いた計算

Qiskitはエラーを発生させる原因であるノイズをモデル化し、計算に取り入れることができます。

ここではQiskitで用意されている量子コンピュータマシンのノイズモデルを呼び出し、それを用いて実際のマシンの計算結果を校正してみましょう。

マシンのノイズモデルは以下のようにbackendから取得できます。

```python
# 最初に必要なライブラリを全てインポートします
import qiskit
from qiskit import QuantumCircuit, Aer, QuantumRegister, IBMQ
from qiskit.providers.aer import noise
from qiskit.tools.visualization import plot_histogram

# 校正に用いる関数
from qiskit.ignis.mitigation.measurement import complete_meas_cal,
CompleteMeasFitter

provider = IBMQ.load_account()
backend = provider.get_backend('ibmq_5_yorktown')
noise_model = noise.NoiseModel.from_backend(backend)
print(noise_model)
```

▼実行結果

```
NoiseModel:
  Basis gates: ['cx', 'id', 'u2', 'u3']
  Instructions with noise: ['cx', 'id', 'u3', 'measure', 'u2']
  Qubits with noise: [0, 1, 2, 3, 4]
  Specific qubit errors: [('id', [0]), ('id', [1]), ('id', [2]),
('id', [3]), ('id', [4]), ('u2', [0]), ('u2', [1]), ('u2', [2]),
('u2', [3]), ('u2', [4]), ('u3', [0]), ('u3', [1]), ('u3', [2]),
('u3', [3]), ('u3', [4]), ('cx', [0, 1]), ('cx', [0, 2]), ('cx',
[1, 0]), ('cx', [1, 2]), ('cx', [2, 0]), ('cx', [2, 1]), ('cx',
[2, 3]), ('cx', [2, 4]), ('cx', [3, 2]), ('cx', [3, 4]), ('cx',
[4, 2]), ('cx', [4, 3]), ('measure', [0]), ('measure', [1]),
('measure', [2]), ('measure', [3]), ('measure', [4])]
```

　また今回選択したマシン"ibmq_5_yorktown"は図のような接続とエラー率を持ちます。

▼図3-23　IBM Quantumマシンの詳細（ibmq_5_yorktown）

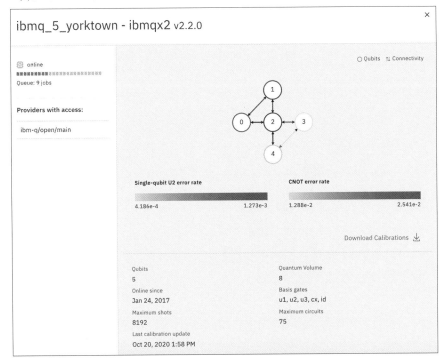

　次に、取得したノイズモデルを用いて校正用のデータを作成します。

```
qr = qiskit.QuantumRegister(5)
qubit_list = [0, 1, 2, 3, 4]
meas_calibs, state_labels = complete_meas_cal(qubit_list=qubit_
list, qr=qr, circlabel='mcal')

backend = qiskit.Aer.get_backend('qasm_simulator')
job = qiskit.execute(meas_calibs, backend=backend, shots=1000,
noise_model=noise_model)
cal_results = job.result()
```

　ここでは校正データを得るために実行する量子回路 (meas_calibs) とラベル
(state_labels) を生成し、実行しています。
　具体的な内容を確認してみましょう。

```
print(state_labels)
```

```
meas_calibs[1].draw('mpl')
```

▼実行結果
```
['00000', '00001', '00010', '00011', '00100', '00101', '00110',
 '00111', '01000', '01001', '01010', '01011', '01100', '01101',
 '01110', '01111', '10000', '10001', '10010', '10011', '10100',
 '10101', '10110', '10111', '11000', '11001', '11010', '11011',
 '11100', '11101', '11110', '11111']
```

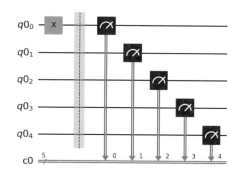

　ラベルには $2^5 = 32$ 通りの状態が全て含まれており、その中で '00001' に対応した量子
回路を描画しました。シンプルに状態 $|00001\rangle$ を作り、測定する回路になっています。
　測定結果から校正用の行列を生成し、プロットします。

```
meas_fitter = CompleteMeasFitter(cal_results, state_labels, qubit_
list=qubit_list)
print(meas_fitter.cal_matrix)
meas_fitter.plot_calibration()
```

▼実行結果
```
[[0.882 0.074 0.033 ... 0.    0.    0.   ]
 [0.014 0.796 0.003 ... 0.001 0.    0.   ]
 [0.012 0.002 0.825 ... 0.    0.    0.   ]
 ...
 [0.    0.    0.    ... 0.75  0.    0.042]
 [0.    0.    0.    ... 0.001 0.793 0.072]
 [0.    0.    0.    ... 0.017 0.014 0.733]]
```

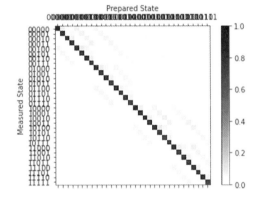

この行列は、用意された状態に対する測定された状態の分布を示しています。

2つの状態は一致するため行列の対角成分が1となり、非対角成分はすべて0となります。しかし実際のマシンのノイズモデルを入れて計算すると、上記のように非対角成分も値を持ちます。

求めた校正行列を用いて、量子コンピュータから得られたエラーを含む出力結果から元の値を"逆算"することでエラーの影響が軽減された結果が得られます。

ここでは GHZ 状態 $\frac{1}{\sqrt{2}}(|000\rangle + |111\rangle)$ を生成する以下の量子回路でエラー軽減することを確認してみましょう。理想的な量子コンピュータで実行した場合、$q_0 q_1 q_2$ の測定結果は '000' と '111' が等しい確率で得られるはずです。

▼図3-24　GHZ状態を作成、測定する量子回路

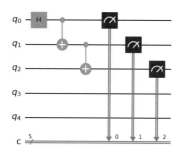

```
qc = QuantumCircuit(5, 5)

qc.h(0)
qc.cx(0, 1)
qc.cx(1, 2)
qc.measure(0, 0)
qc.measure(1, 1)
qc.measure(2, 2)

# qc.draw('mpl')

provider = IBMQ.load_account()
backend = provider.get_backend('ibmq_5_yorktown')
job = qiskit.execute(qc, backend=backend, shots=1000)
results = job.result()
print(results.get_counts())
```

▼実行結果

```
{'00000': 403, '00001': 15, '00010': 5, '00011': 46, '00100': 19,
 '00101': 22, '00110': 55, '00111': 435}
```

'00000'、'00111' 以外の測定値がエラーとして発生しています。

次に、得られた測定結果に対して校正行列を適用し、元の測定結果と比較します。

```
# 測定された生の値
raw_counts = results.get_counts()

# 校正行列により補正した値
meas_filter = meas_fitter.filter
mitigated_results = meas_filter.apply(results)
mitigated_counts = mitigated_results.get_counts(0)

plot_histogram([raw_counts, mitigated_counts], legend=['raw',
'mitigated'])
```

▼実行結果

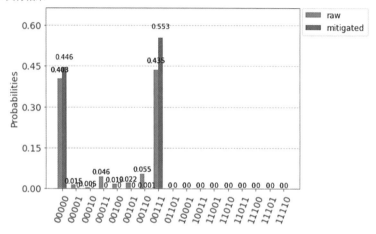

"raw"が校正なし、"mitigated"が校正後の測定結果です。

校正により'00000'、'00111'以外のエラーにより生じていた結果が減り、'00000'、'00111'の確率が高く補正されています。

上記の校正のみで生じうるすべてのエラーを補正することはできませんが、エラーの影響を受けた測定結果から、理想的な場合に得られる確率分布により近い結果を推定することができます。

05 1量子ビットの計算

私たちがQiskitで記述した量子回路は、量子コンピュータハードウェアに投入される際に、等価な別の回路に置き換えられます。これを知っておくことは実際の量子コンピュータを使いこなす上で非常に重要です。まずは1量子ビット計算について確認しましょう。

1 量子コンピュータによる量子ビット計算

Qiskitではパウリゲートや回転ゲート、アダマールゲートをはじめとした多くのゲートが実装されており、これまでに扱ったコード例のようにシンプルに実装可能です。

しかし実際の量子コンピュータハードウェアにおいては、これらのゲートの多くはより基本的な、ハードウェア上で自然に実行可能なゲート操作(このようなゲートを**ネイティブゲート**と呼びます)の組み合せとして実行されます。

各ハードウェアのネイティブゲートは以下のように確認できます。

```python
from qiskit import IBMQ

provider = IBMQ.load_account()
backend = provider.get_backend('ibmq_5_yorktown')
backend.configuration().basis_gates
```

▼実行結果

```
['id', 'rz', 'sx', 'x', 'cx']
```

IBM Quantum超伝導量子ビットマシンは1量子ビットネイティブゲートとしてRZゲート、SXゲート($\sqrt{X}$ゲート)、Xゲートを持ちます。

$$R_z(\lambda) = \begin{pmatrix} e^{-i\lambda/2} & 0 \\ 0 & e^{i\lambda/2} \end{pmatrix}$$

$$\sqrt{X} = \frac{1}{2} \begin{pmatrix} 1+i & 1-i \\ 1-i & 1+i \end{pmatrix}$$

Qiskitにより記述された量子回路をネイティブゲートの組み合わせに置き換える操作は、量子コンピュータマシンへのジョブ投入時にQiskitの**トランスパイラ**が自動で行います。よってユーザーが必ずしも意識する必要はありません。

2 トランスパイラによる変換

ここでは実際にトランスパイラで行われる変換を確認してみましょう。
まずは通常の量子回路を用意します。

```
import numpy as np
from qiskit import QuantumCircuit

qc = QuantumCircuit(3, 1)

qc.x(0)
qc.y(1)
qc.z(2)

qc.draw('mpl')
```

▼実行結果

上記量子回路を'ibmq_5_yorktown'のネイティブゲートに変換した量子回路は、Qiskitのトランスパイラを用いて以下のように作成し、描画することができます。

```
qc = qiskit.compiler.transpile(qc, basis_gates=['id', 'rz', 'sx',
'x', 'cx'])
qc.draw('mpl')
```

▼実行結果

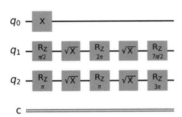

それぞれRZゲート、SXゲート（$\sqrt{X}$ゲート）、Xゲートの組み合わせ変換されました。

もしくは上記の代わりに、先程設定したバックエンドを引数として与えても同等の結果が得られます。先程とは異なり未使用の量子ビット2つを含む量子回路が出力されますが、これはバックエンドとした 'ibmq_5_yorktown' が5量子ビットを持つことによるものです。

```
qc = qiskit.compiler.transpile(qc, backend = backend)
qc.draw('mpl')
```

▼実行結果

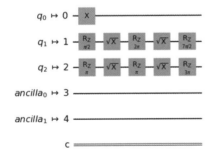

また、実際に量子コンピュータマシンに回路をジョブとして投入した場合は、IBM Quantum Experience上で変換された回路を確認することができます。

▼図3-25　量子コンピュータIBM Quantumで回路を確認する

"Latest results"から過去に投入したジョブを選択すると、ジョブの詳細情報を確認するページへと移動します。移動先ページの下部に実行された回路が表示されます。

▼図3-26　IBM Quantumの量子回路図

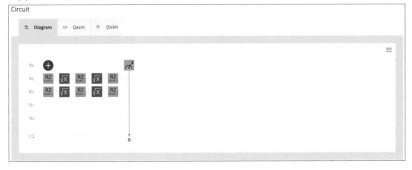

トランスパイル後の量子回路はなるべくゲート数が少ないことが望ましいですが、トランスパイラは常に最適な変換をしてくれるとは限りません[1]。

例えば同じゲートセットを用いて、上記の量子回路とグローバル位相を除き等価な、量子ゲート数のより少ない以下の量子回路を作ることができます。

---

[1] トランスパイラの変換結果はトランスパイラの引数として与える設定にも依存し、またライブラリのアップデートによっても変わる可能性があります。

```
qc = QuantumCircuit(3, 1)

qc.x(0)
qc.x(1)
qc.rz(np.pi, 1)

qc.rz(np.pi, 2)
qc.draw('mpl')
```

▼実行結果

3 他のゲートセットによる変換

Qiskitのトランスパイラは他のゲートセットを基本ゲートとした変換も行うことができます。

例えば qiskit.compiler.transpile() の引数 basis_gates に与えるゲートセットを以下のように変更することで、U1、U2、U3各ゲート（これらは過去のバージョンでIBM Quantumの基本ゲートセットとされていました）を基本ゲートとした回路を作成することができます。

$$U1(\lambda) = \begin{pmatrix} 1 & 0 \\ 0 & e^{i\lambda} \end{pmatrix}$$

$$U2(\phi, \lambda) = \frac{1}{\sqrt{2}} \begin{pmatrix} 1 & -e^{i\lambda} \\ e^{i\phi} & e^{i(\phi+\lambda)} \end{pmatrix}$$

$$U3(\theta, \phi, \lambda) = \begin{pmatrix} \cos(\frac{\theta}{2}) & -e^{i\lambda}\sin(\frac{\theta}{2}) \\ e^{i\phi}\sin(\frac{\theta}{2}) & e^{i(\phi+\lambda)}\cos(\frac{\theta}{2}) \end{pmatrix}$$

```
qc = QuantumCircuit(3, 1)

qc.x(0)
qc.y(1)
qc.z(2)

qc = qiskit.compiler.transpile(qc, basis_gates=['id', 'u1',
'u3', 'cx'])
qc.draw('mpl')
```

▼実行結果

U1、U2、U3各ゲートは以下のようにRZゲート、SXゲートを用いて表せるため、この結果からハードウェアのネイティブゲートのみで構成される回路に変換することも可能です。

$$U1(\lambda) = e^{i\frac{\lambda}{2}} R_z(\lambda)$$

$$U2(\phi, \lambda) = e^{-\frac{i\pi}{4}} e^{\frac{i}{2}(\phi+\lambda)} R_z(\frac{\pi}{2} + \phi) \cdot SX \cdot R_z(\lambda - \frac{\pi}{2})$$

$$U3(\theta, \phi, \lambda) = i e^{\frac{i}{2}(\phi+\lambda)} R_z(\phi + \pi) \cdot SX \cdot R_z(\theta + \pi) \cdot SX \cdot R_z(\lambda)$$

06 2量子ビットの計算

次に2量子ビットゲートが量子コンピュータハードウェア上でどのように処理されるかを確認しましょう。1量子ビットゲートと2量子ビットゲートを組み合わせることで、3量子ビット以上からなる任意の量子ゲートを表すことができます。

1　量子コンピュータによる2量子ビット計算

2量子ビットゲートも量子コンピュータマシンのネイティブゲートで表されます。

IBM Quantum超伝導量子ビットマシンは2量子ビットネイティブゲートとしてCX（CNOT）ゲートのみを持ちます。すべての2量子ビット（またはそれ以上）ゲートはCXゲートと1量子ビット基本ゲートの組み合せに分解されます。

ここではいくつかの例を確認してみましょう。

3つの制御パウリゲートCX, CY, CZを見てみましょう。

```python
import numpy as np
from qiskit import QuantumCircuit
qc = QuantumCircuit(2, 1)

qc.cx(0, 1)
qc.barrier()
qc.cy(0, 1)
qc.barrier()
qc.cz(0, 1)
qc.measure(0, 0)
qc.draw(output='mpl')
```

▼実行結果

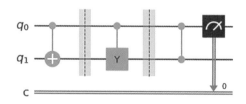

これを分解します。

1量子ビットゲートの場合と同様の方法で直接ネイティブゲートに分解することも可能ですが、ここでは段階的な分解を行いましょう。すなわち、2量子ビットゲートを、まずCXゲートと1量子ビットゲート（ネイティブゲートと限らない）に分解します。次に1量子ビットゲートもネイティブゲートに置き換えることで、全体をネイティブゲートで表します。

このような分解には QuantumCircuit の decompose() メソッドを用います。

```
qc_basis2 = qc.decompose()
qc_basis2.draw(output='mpl')
```

▼実行結果

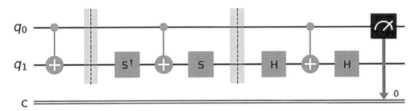

CY、CZゲートがCXゲートとSゲート、Hゲートの組み合わせにそれぞれ分解されました。

さらにもう一度実行すると、1量子ビットゲートを$U1(\lambda)$、$U2(\phi, \lambda)$、$U3(\theta, \phi, \lambda)$に分解します（decompose()は1実行ごとに1段階だけ分解された量子回路を返します）。

```
qc_basis1 = qc_basis2.decompose()
qc_basis1.draw(output='mpl')
```

▼実行結果

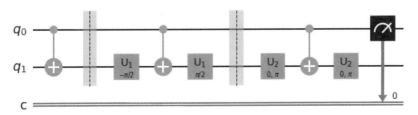

先に述べたようにU1、U2、U3各ゲートをそれぞれRZゲート、SXゲートに置き換えることで、ネイティブゲートのみに分解することができます。

2量子ビットゲートを含むより複雑な回路をコンパイルすると、数多くのネイティブゲートを持ちます。そうした場合に上記のような段階的な分解を確認することは、量子回路がどの程度効率良くコンパイルされているか検討する助けとなります。

同様にSWAPゲートの分解を確認してみましょう。

```
qc = QuantumCircuit(2)

qc.swap(0, 1)
qc.draw(output='mpl')
```

▼実行結果

```
qc_basis = qc.decompose()
qc_basis.draw(output='mpl')
```

▼実行結果

SWAPゲートはCXゲート3つの組み合わせで実現できます。

最後に3量子ビットゲートであるトフォリゲート(CCX)についても同様に確認してみましょう。

```
qc = QuantumCircuit(3)

qc.ccx(0, 1, 2)
qc.draw(output='mpl')
```

▼実行結果

```
qc_basis = qc.decompose().decompose()
qc_basis.draw(output='mpl')
```

▼実行結果

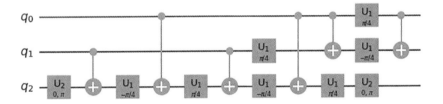

　ある量子ゲートをネイティブゲートのみからなる量子回路に変換する際、ゲート数がどの程度増えるか把握しておくことは重要です。なぜなら現状の量子コンピュータマシンにおいてゲート数が増えるとそれだけエラー率も高くなるためです。

　簡単にマシンのCNOTゲートエラー率を1e-2（1%）とした場合、トフォリゲートを1度実行するとCNOTゲートが6回実行されます。それだけで成功率は、単純な見積もりで$0.99^6 = 0.941 ≈ 94\%$で下がってしまいます。

　よってエラーの影響が大きくなるような深い量子回路を組む際には、トランスパイラによる変換後の素子数でエラー率を考える必要があります。

デスクトップ型量子コンピュータ

　「量子コンピュータは複雑な機構を持っている」「低温に冷やさないといけない」「デスクトップ型のマシンはすぐには登場しない」「しばらくはインターネット経由で使わないといけない」などと思っていませんか？

　実は、世界ではデスクトップ・サーバーラック型の量子コンピュータも開発が進んでおり、近々発売が計画されています。ここではデスクトップ・サーバーラック型量子コンピュータを私たちの日常に持ち込む3つの事例を見ながらデスクトップ型の量子コンピュータを見てみましょう。

●IonQ（アイオンキュー・米国）

　IonQはアメリカのメリーランドを本拠地とするベンチャー企業です。Amazon社やGoogleのベンチャー部門、Samsung社などが出資しています。彼らが作っている量子コンピュータは2019年まではあまり公開されていませんでした。その量子コンピュータはイオントラップと呼ばれる方式になっています。

　量子コンピュータには、その他にも様々な種類があります。私たちがよくニュースで見る、シャンデリアみたいに天井からぶら下がっているマシンは、超電導量子コンピュータと呼ばれる種類です。そのうち有望視されているのがイオントラップ方式を利用する量子コンピュータです。常温での実行が可能になり、デスクトップ・サーバーラック型が販売可能になります。

　IonQは、2023年にラックマウント型の量子コンピュータの販売を計画しており、サイズも実際のサーバールームに収まる比較的小型のものになりそうです。2020年段階のシステムで、すでに1立方メートルの実機と、1ラックのサーバーラックに入るサイズにまで小型化が進んでいるということなのでもう少しの小型化で私たちの手元に届く日も遠くないかもしれません。

（参考：量子コンピュータースタートアップIonQが2023年にラックマウント型を発売予定、TechCrunch Japan）

●NextGenQ（ネクストゲンキュー・フランス）

　NextGenQという小さな会社では、上記の大きなベンチャー企業とは異なり、個人単位でイオントラップ方式の量子コンピュータを自作している人もいます。イオントラップ方式は、イオン化された原子を電極で捉えてレーザーで制御するので

すが、オークションサイトなどで部品を調達して自宅で自作している人もいます。

　イオントラップ方式は超電導で必要となる冷凍機が不要のため、デスクトップサイズで実現できそうということです。精度をだすために真空は必要ですが、装置自体は机の上に載るサイズです。原子が乗るチップ自体も、工作機械を利用して自分で作っているのがとても面白いです。実際にマイクロ粒子を捉えたところが確認できています。

（参考：https://ascii.jp/elem/000/004/000/4000031/）

●SpinQ Technology（スピンキューテクノロジー・中国）

　2021年度の第4四半期に、中国からついにデスクトップ型量子コンピュータが発売になります。NMRという方式を利用し、2量子ビットマシンです。実際にグローバーのアルゴリズムなどの汎用アルゴリズムが動くので、計算方式はゲートを利用するタイプになりそうです。本体は極低温が不要で、超伝導の代わりに永久磁石を利用することで動作をシンプルにしており、実用使いというよりも全世界の学校に教育用のプラットフォームとして本体を販売するという目論見があります。教育用であれば、2量子ビットで、量子もつれや重ね合わせが実行できるのであれば十分だと思います。既存のコンピュータから接続して実行できるので、価格が安く抑えられており、50万円以下で販売されます。今後は3、4量子ビットと、少しずつ増やしていくということなので楽しみですね。

（参考：A Desktop Quantum Computer for Just $5,000 | Discover Magazine）

　以上のように、今後も光を使った量子コンピュータやシリコンタイプ、ナノワイヤータイプなど、様々な種類の量子コンピュータの開発が進められており、新型の量子コンピュータマシンがどんどん登場する予定です。これまで私たちが見てきたのは量子コンピュータのほんの一部なので、常識にとらわれず、柔軟な見方でこれからも業界を見守っていきましょう。

memo

CHAPTER

4

Qiskitを使った
汎用量子計算

　本章では、代表的な汎用量子計算アルゴリズムを
Qiskitを用いて実際に実装します。基本的な量子状態の
作成（4.1～4.3節）から始まり、徐々により複雑な、ま
たはより実用的なアルゴリズムの説明へと移ります。

　また各アルゴリズムの実行結果は実機ではなくシミュ
レータによるものとしました。実機では現状の量子コン
ピュータにおけるハードウェア的な制限（量子ビット数
および量子ビット間の接続における制限、計算における
エラー）を考慮する必要があります。本章ではこれらの
影響を排し、アルゴリズムの理解を優先する内容としま
した。

01 量子の重ね合わせ状態

量子回路上で量子力学における重ね合わせ状態を作ってみましょう。

1 数式による説明

まずは最も簡単な例として次の状態を考えます。

$$\frac{1}{\sqrt{2}}(|0\rangle + |1\rangle) \cdots (4.1.1)$$

これは状態 $|0\rangle, |1\rangle$ が等しく重ね合わせられた1量子ビットの状態です。

この状態を標準基底で測定すると状態が確定し、測定結果 "0" と "1" のいずれかが確率的に得られます。

式 (4.1.1) の状態は H ゲート（アダマールゲート）を用いて作成することができます。

$$H = \frac{1}{\sqrt{2}}\begin{pmatrix} 1 & 1 \\ 1 & -1 \end{pmatrix}$$

$$H|0\rangle = \frac{1}{\sqrt{2}}\begin{pmatrix} 1 & 1 \\ 1 & -1 \end{pmatrix}\begin{pmatrix} 1 \\ 0 \end{pmatrix} = \frac{1}{\sqrt{2}}\begin{pmatrix} 1 \\ 1 \end{pmatrix}$$

量子回路で表すと以下のとおりです。

初期状態（$|0\rangle$）に H ゲートを作用させ、その後状態を測定しています。

▼図4-1　重ね合わせ状態を生成、測定する量子回路

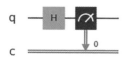

2 量子回路の実装

Qiskitでの実装コードと測定結果を記します。

```
import numpy as np
import matplotlib.pyplot as plt
%matplotlib inline
# Qiskitから必要なモジュールをインポート
from qiskit import QuantumCircuit, execute, Aer, IBMQ
from qiskit.visualization import plot_histogram

qc = QuantumCircuit(1, 1)

qc.h(0)
qc.measure(0, 0)

# qc.draw('mpl') # 量子回路を描画

backend = Aer.get_backend('qasm_simulator')
shots = 1024
results = execute(qc, backend=backend, shots=shots).result()
answer = results.get_counts()

print(answer)
plot_histogram(answer)
```

▼実行結果

```
{'0': 524, '1': 500}
```

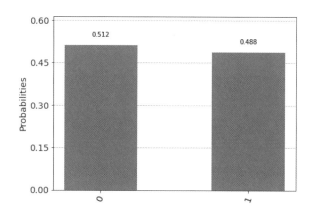

測定結果は"0"と"1"がほぼ等確率で得られます。ただし測定は量子状態からの確率的なサンプリングに相当するため、式 (4.1.1) のような状態の測定においても、完全に同数の"0"と"1"が得られるとは限りません。

注意点として、ここでの測定結果の確率的なサンプリングによるばらつきと、誤り訂正なしの量子コンピュータで生じるエラーは区別する必要があります。仮にゲート操作や測定におけるエラー率0%の理想的な量子コンピュータで上記回路を実行したとしても測定結果のサンプリングによるばらつきは生じ、より0.5：0.5に近い結果を得るためにはサンプリング数を増やす必要があります。

3 多数の量子ビットによる重ね合わせ

より多数の量子ビットにおける状態の重ね合わせを作ってみましょう。

多くの量子アルゴリズムでは次のように、初期化された全量子ビットにHゲートを作用させるプロセスが含まれます。

$$|0\rangle^{\otimes n} \xrightarrow{H^{\otimes n}} H^{\otimes n}|0\rangle^{\otimes n}$$

$|0\rangle^{\otimes n}$ は $|0\rangle$ 状態にあるn個の量子ビットからなる状態を表します。この操作はn量子ビットで表現される 2^n 通りの状態が等しく重ね合わさった状態を作ります。

n=3とした場合の実装コードと結果を以下に示します（ライブラリのインポート文は省略しています）。2^3 通りの測定値がほぼ均等に得られていることがわかります。

```
n = 3 # 量子ビット数
qc = QuantumCircuit(n, n)

for i in range(n):
    qc.h(i)
    qc.measure(i, i)

backend = Aer.get_backend('qasm_simulator')
shots = 1024
results = execute(qc, backend=backend, shots=shots).result()
answer = results.get_counts()
```

```
print(answer)
plot_histogram(answer)
```

▼実行結果

```
{'000': 129, '001': 136, '010': 129, '011': 125, '100': 115,
 '101': 142, '110': 121, '111': 127}
```

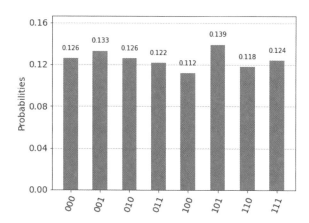

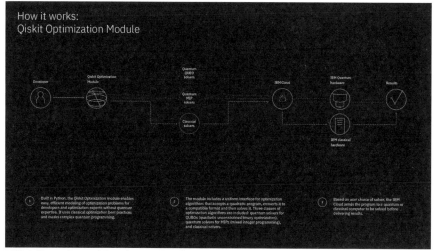

How it works:
Qiskit Optimization Module

画像出典：日本IBM（オリジナル画像を白黒で使用）

02 量子のもつれ状態

ここでは複数の量子ビットがもつれた（エンタングルした）状態を作り出してみましょう。

1 数式による説明

以下の2量子ビット**もつれ状態**を考えます。

$$\frac{1}{\sqrt{2}}(|00\rangle + |11\rangle) \quad \cdots \text{(4.2.1)}$$

この状態を作るためにはまず初期化された2量子ビットを用意し、片方にHゲートを作用させます。

$$(H \otimes I)|00\rangle = \frac{1}{\sqrt{2}}(|00\rangle + |10\rangle) \quad \cdots \text{(4.2.2)}$$

次に、Hゲートを作用させた方の量子ビットを制御量子ビットとしてCXゲートを作用させます。CXゲートはCNOTゲートとも呼ばれ、制御量子ビットが$|1\rangle$の場合のみターゲット量子ビットの状態（$|0\rangle, |1\rangle$）を反転させます。

CXゲートを式 (4.2.2) のような状態に作用させた場合、$|00\rangle$については制御量子ビットが$|0\rangle$のため何も変化を加えません。対して$|10\rangle$については制御量子ビットが$|1\rangle$のためターゲット量子ビットの状態を反転させ、結果$|11\rangle$となります。よって、

$$CX_{0,1} \frac{1}{\sqrt{2}}(|00\rangle + |10\rangle) = \frac{1}{\sqrt{2}}(|00\rangle + |11\rangle) \quad \cdots \text{(4.2.3)}$$

となります。

式 (4.2.2) 〜式 (4.2.3) の量子回路は図のとおりです。

▼図4-2　もつれ状態を生成測定する量子回路

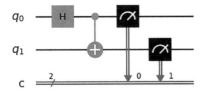

2　量子回路の実装

Qiskitでの実装コードと測定結果を記します。

```python
import numpy as np
import matplotlib.pyplot as plt
%matplotlib inline
# Qiskitから必要なモジュールをインポート
from qiskit import QuantumCircuit, execute, Aer, IBMQ
from qiskit.visualization import plot_histogram

qc = QuantumCircuit(2, 2)

qc.h(0)
qc.cx(0, 1)

for i in range(2):
    qc.measure(i, i)

# qc.draw('mpl') # 量子回路を描画

backend = Aer.get_backend('qasm_simulator')
shots = 1024
results = execute(qc, backend=backend, shots=shots).result()
answer = results.get_counts()

print(answer)
plot_histogram(answer)
```

▼実行結果

```
{'00': 522, '11': 502}
```

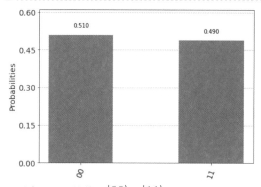

　測定される状態は $|00\rangle$ と $|11\rangle$ の2通りのみとなります。この結果は、仮に片方の量子ビットのみを測定した結果が"0"であった場合、もう片方の量子ビットの状態は $|0\rangle$ に確定する（またはその逆）ことを意味しています。このような相関は量子力学によってもたらされる現象の代表例の1つです。

 もつれ状態と情報が伝わる速さについて

　量子力学にまつわる有名な誤解として、もつれ状態の"測定により片方の量子ビットの状態が確定したとき、もう片方の量子ビットの状態も確定する"性質により光速を超えて情報が伝わる、というものがあります。

　例えば、もつれ状態にある2量子ビットがそれぞれ遠く離れた地点A，Bにある場合でも、地点Aの量子ビットを測定した結果が"1"だった場合に、地点Bの量子ビットの状態は瞬時に $|1\rangle$ と確定するため、これは光速を超えて情報が伝わっているように見えるかもしれません。

　しかし、たとえ地点Aで測定により量子ビットの状態が確定していても、地点Bにいる人が手元の量子ビットの状態を知るには地点Aでの測定結果を知る必要があります。逆に地点Aでの測定結果を知らなければ、地点Bにいる人にとって手元の量子ビットの状態が $|0\rangle$ か $|1\rangle$ かはわかりません（たとえ地点Aにいる人にはわかっていたとしても）。

　よって情報が伝わる速度は地点Aから地点Bへの（古典）通信手段で決まります。つまり量子もつれ状態を用意しても、情報は光速を超えて伝わらないことに変わりはないのです。

 # CHAPTER4

03 GHZ状態

2量子ビットのもつれ状態をさらに拡張した多数量子ビットのもつれ状態である、GHZ状態を生成してみましょう。

1 GHZ状態を生成、測定する

3量子ビットの**GHZ状態**は以下の式で表せます。

$$\frac{1}{\sqrt{2}}(|000\rangle + |111\rangle) \cdots (4.3.1)$$

GHZ状態を生成する量子回路は以下のとおりです。

▼図4-3 GHZ状態を生成、測定する量子回路

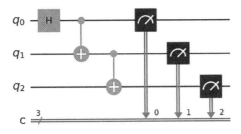

量子回路で行われている計算を以下に記します。

2量子ビットのもつれ状態を生成した手順から、CNOTゲートをさらに繰り返し作用させることで、GHZ状態へと拡張できます。

$$|000\rangle$$

$$\xrightarrow{H_0} \frac{1}{\sqrt{2}}(|000\rangle + |100\rangle)$$

$$\xrightarrow{CNOT_{0,1}} \frac{1}{\sqrt{2}}(|000\rangle + |110\rangle)$$

$$\xrightarrow{CNOT_{1,2}} \frac{1}{\sqrt{2}}(|000\rangle + |111\rangle) \quad \cdots (4.3.2)$$

3 量子回路の実装

以下にQiskitにおける実装コードを示します。

```python
import numpy as np
import matplotlib.pyplot as plt
%matplotlib inline
# Qiskitから必要なモジュールをインポート
from qiskit import QuantumCircuit, execute, Aer, IBMQ
from qiskit.visualization import plot_histogram

qc = QuantumCircuit(3, 3)

qc.h(0)

qc.cx(0, 1)
qc.cx(1, 2)

for i in range(3):
    qc.measure(i, i)

# qc.draw('mpl') # 量子回路を描画
```

```
backend = Aer.get_backend('qasm_simulator')
shots = 1024
results = execute(qc, backend=backend, shots=shots).result()
answer = results.get_counts()

print(answer)
plot_histogram(answer)
```

▼実行結果

```
{'000': 536, '111': 488}
```

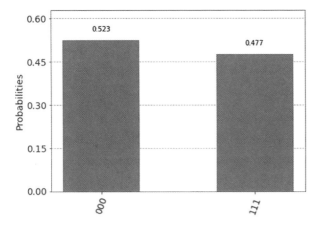

期待どおり、"000"と"111"の2通りの測定結果のみが得られました。

04 量子テレポーテーション

CHAPTER4

前節までは量子力学的な性質を示す代表的な状態を生成しました。本節からは、代表的なアルゴリズムを解説します。まずは、量子計算や量子通信においてシンプルで、かつ重要な基礎である、量子テレポーテーションを扱います。

1 アルゴリズムの概要

量子テレポーテーションは、ある量子ビットの状態を量子のもつれを用いて別の量子ビットに移す操作です。

仮にAliceが持つ量子ビット$|\psi\rangle$をBobに送りたいとします。ただしAliceとBobの間では古典情報しかやりとりできず、Aliceの持つ量子ビットを物理的に送ることはできません。その代わり、AliceとBobは以前に会っており、その際に4章2節で作ったもつれ状態にある量子ビットを1つずつ分け合っているものとします。

このような状況で、Aliceの持つ量子ビットの情報をBobの持つ量子ビットに転送するプロトコルが量子テレポーテーションです。

量子回路は図のようになります。

▼図4-4 量子テレポーテーション回路

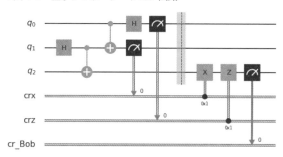

q_0 : Alice が Bob に状態を転送したい量子ビット

q_1 : Alice が持つもつれ量子ビット対の片割れ

q_2 : Bob が持つもつれ量子ビット対の片割れ

この量子回路で行っている操作の概要は以下のとおりです。

❶ Alice と Bob でもつれ量子ビット対（q_1 と q_2）を分け合う。

❷ Alice のもとで、Bob に送りたい量子ビット（q_0）と自分のもつれ量子ビット（q_1）に CNOT ゲートを作用させ、続けて q_0 に H ゲートを作用させる。

❸ Alice は q_0 と q_1 を測定し、測定結果を Bob に古典通信路で送信する。

❹ Bob は送られた測定結果に応じて X ゲート、Z ゲートを自分のもつれ量子ビット（q_2）に作用させる。

以上の操作を終えたあと、Bob の量子ビットは元々の q_0 の状態と等しくなっています。以下に数式を交えて細かく確認しましょう。

2 アルゴリズムの理論

まず q_0 の任意の状態を以下のように表します。

$$|\psi_0\rangle = \alpha|0\rangle + \beta|1\rangle$$

操作1を実行後、q_1、q_2 の状態と合わせて全体の状態は次のように書けます。

$$|\psi\rangle = (\alpha|0\rangle + \beta|1\rangle)\frac{1}{\sqrt{2}}(|00\rangle + |11\rangle)$$

次に操作2を実行します。

$$|\psi\rangle$$

$$\xrightarrow{CNOT_{0,1}} \alpha|0\rangle\frac{1}{\sqrt{2}}(|00\rangle + |11\rangle) + \beta|1\rangle\frac{1}{\sqrt{2}}(|10\rangle + |01\rangle)$$

$$\xrightarrow{H_0} \alpha(|0\rangle + |1\rangle)\frac{1}{\sqrt{2}}(|00\rangle + |11\rangle) + \beta(|0\rangle - |1\rangle)\frac{1}{\sqrt{2}}(|10\rangle + |01\rangle)$$

$$= \frac{\alpha}{\sqrt{2}}(|000\rangle + |011\rangle + |100\rangle + |111\rangle) + \frac{\beta}{\sqrt{2}}(|010\rangle + |001\rangle - |110\rangle - |101\rangle)$$

$$= |00\rangle \frac{1}{\sqrt{2}}(\alpha|0\rangle + \beta|1\rangle) + |01\rangle \frac{1}{\sqrt{2}}(\alpha|1\rangle + \beta|0\rangle)$$

$$+ |10\rangle \frac{1}{\sqrt{2}}(\alpha|0\rangle - \beta|1\rangle) + |11\rangle \frac{1}{\sqrt{2}}(\alpha|1\rangle - \beta|0\rangle)$$

ここで Alice の持つ q_0、q_1 の状態を測定すると、測定値に応じて q_2 の状態が決まります。そのとき q_2 は q_0 が持っていた振幅の情報を持っているので、適切な操作によって q_0 の状態 $(\frac{1}{\sqrt{2}}(\alpha|0\rangle + \beta|1\rangle))$ を復元できます。具体的には以下のとおりです。

▼表4-1　q_0、q_1 の測定値による q_2 の操作

（q_0 , q_1）の測定値	q_2 への操作
(0, 0)	何もしない
(0, 1)	X ゲートを作用
(1, 0)	Z ゲートを作用
(1, 1)	X ゲート、Z ゲートの順で作用

3　量子回路の実装

以上の操作の Qiskit による実装と実行結果を以下に示します。
q_0 の状態は $|0\rangle$ としています。

```
import numpy as np
from numpy import pi
import matplotlib.pyplot as plt
%matplotlib inline
# Qiskitから必要なモジュールをインポート
from qiskit import ClassicalRegister, QuantumRegister,
QuantumCircuit, execute, Aer, IBMQ
from qiskit.visualization import plot_histogram

# 1つの量子レジスタと、3つの古典レジスタを別々に用意
q= QuantumRegister(3, name="q")
```

```python
crx= ClassicalRegister(1, name="crx")
crz= ClassicalRegister(1, name="crz")
cr_Bob= ClassicalRegister(1, name="cr_Bob")
qc = QuantumCircuit(q, crx, crz, cr_Bob)

# Alice   が送りたい量子ビットの状態を用意
# qc.rx(pi / 3, 0)

# Alice と Bob が共有しているもつれ量子ビット対の準備
qc.h(1)
qc.cx(1, 2)

# Alice が送りたい量子ビットと、自分のもつれ量子ビットを相互作用させる
qc.cx(0, 1)
qc.h(0)

# Aliceの持つ量子ビットを測定
qc.measure(0, crz)
qc.measure(1, crx)
qc.barrier()

# Aliceから送られた測定結果より、Bobの操作を決める
def decode_Bob(qc):
    qc.x(2).c_if(crx, 1)
    qc.z(2).c_if(crz, 1)

decode_Bob(qc)
qc.measure(2, cr_Bob)

# qc.draw('mpl') # 量子回路を描画

backend = Aer.get_backend('qasm_simulator')
shots = 1024
results = execute(qc, backend=backend, shots=shots).result()
answer = results.get_counts()

print(answer)
plot_histogram(answer)
```

Qiskitを使った汎用量子計算

109

▼実行結果

```
{'0 0 0': 255, '0 0 1': 273, '0 1 0': 245, '0 1 1': 251}
```

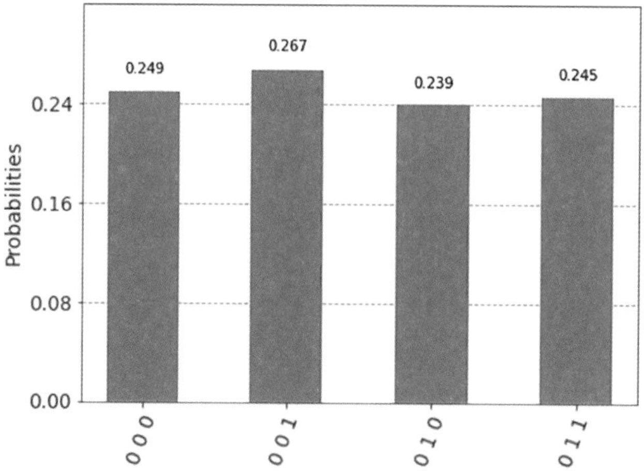

出力された測定結果において、q_2の測定結果は最も左のビットに格納されています。上記の実行結果ではq_2の測定結果は確率1で"0"のため、元のq_0の状態$|0\rangle$が正しく転送されています。

より一般的な状態で確かめるためには、18行目のコメントアウトを外し、q_0の状態を$\frac{1}{2}(\sqrt{3}|0\rangle + |1\rangle)$として上記のコードを実行してみましょう。次のようなヒストグラムが得られます。

COLUMN 量子テレポーテーションと"Non-cloning theorem"について

量子力学には、状態のコピーを不可能とする"Non-cloning theorem"と呼ばれる定理があります。それによると、未知の量子状態$|q_0\rangle$を複製することはできません（古典状態の場合は自明に複製できます）。量子テレポーテーションは状態をAliceからBobへ転送しますが転送元の状態$|q_0\rangle$は測定によって破壊されるため、Non-cloning theorem と矛盾しません。

またBobのもとでq_0の状態を復元するにはAliceから送られた古典情報が必要なため、量子もつれの項で述べたのと同様に超光速通信を可能にするものでもありません。

▼実行結果

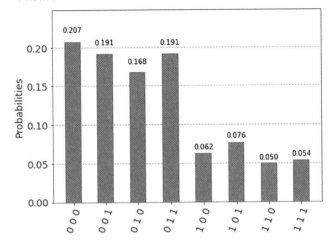

q_2の測定結果のみを集計するために、続けて以下のコードを実行しましょう。

```
count_zero = 0
count_one = 0
keys = list(answer.keys())
for key in keys:
    if key[0] == '0':
        count_zero += answer[key]
    else:
        count_one += answer[key]

print("probability of |0>:{:.3f}".format(count_zero / shots))
print("probability of |1>:{:.3f}".format(count_one / shots))
```

▼実行結果

```
probability of |0>:0.758
probability of |1>:0.242
```

q_2の測定値が、元のq_0の状態$\frac{1}{2}(\sqrt{3}|0\rangle + |1\rangle)$から得られる確率分布（：振幅の2乗）

に従っていることが確認できます。

05 Deutsch–Jozsa アルゴリズム

本節では、代表的な量子アルゴリズムの1つであるDeutsch-Jozsaアルゴリズムを解説します。

1 アルゴリズムの理論

Deutsch-Jozsaアルゴリズムは、量子アルゴリズムが古典アルゴリズムより高速に問題を解くことのできる最もわかりやすい例の1つとして、多くの文献で最初に紹介されるアルゴリズムです。

このアルゴリズムが解く問題は、入力変数 $\{x_0, ... x_{n-1}\}$ ($x_i \in \{0, 1\}$) を持つ関数 $f(\{x_0, ... x_{n-1}\})$ が**定数関数**か**バランス関数**かを判別するというものです。定数関数とは、入力変数がどのような値であっても常に 0, または常に 1 を返す関数を指します。バランス関数とは、入力変数のとりうるすべての値のうち丁度半分については 0 を返し、残りの半分については 1 を返す関数を指します。

この問題を量子計算を用いてどのように解くのか、まずは数式で確認してみましょう。

まず以下のような初期状態を用意します ($|0\rangle^{\otimes n}$ は n 個の $|0\rangle$ 量子ビットを表し、例えば $|0\rangle^{\otimes 3} = |000\rangle$ です)。

$$|\psi_0\rangle = |0\rangle^{\otimes n}|1\rangle \quad \cdots (4.5.1)$$

次に、すべての量子ビットにアダマールゲートをかけます。

$$|\psi_1\rangle = H^{\otimes n+1}|\psi_0\rangle = \frac{1}{\sqrt{2^{n+1}}} \sum_{x=0}^{2^n-1} |x\rangle(|0\rangle - |1\rangle) \quad \cdots (4.5.2)$$

x には 0 から $2^n - 1$ までの整数が入ります。

例えば $n = 2$ の場合、

$$\sum_{x=0}^{3} |x\rangle = |0\rangle + |1\rangle + |2\rangle + |3\rangle = |00\rangle + |01\rangle + |10\rangle + |11\rangle \quad \text{となります。}$$

ここで、$U_f : |x\rangle|y\rangle \;\blacktriangleright\; |x\rangle|y \oplus f(x)\rangle$ $(\oplus : \text{XOR})$ となるようなゲート U_f を考えます。この $f(x)$ は最初に提示した、定数関数かバランス関数か判別したい関数です。この時点では関数 $f(x)$ の中身はわからずブラックボックスですが、ゲート U_f はこの関数 $f(x)$ の情報を持っています。別の言い方をすると、ゲート U_f を通じて関数 $f(x)$ に質問することができます。このような関数 $f(x)$ を、量子アルゴリズムでは"オラクル"と呼び、オラクルへの質問回数が少ないほど「速い」アルゴリズムといえます。

$$|\psi_2\rangle = U_f|\psi_1\rangle = \frac{1}{\sqrt{2^{n+1}}} \sum_{x=0}^{2^n-1} |x\rangle(|f(x)\rangle - |1 \oplus f(x)\rangle)$$

$$= \frac{1}{\sqrt{2^n}} \sum_{x=0}^{2^n-1} (-1)^{f(x)}|x\rangle \frac{1}{\sqrt{2}}(|0\rangle - |1\rangle) \cdots (4.5.3)$$

最右の等式は、$f(x)$ の値が0の場合と1の場合をそれぞれ代入すると確かめられます。

$f(x) = 0$ の場合

$$|\psi_2\rangle = \frac{1}{\sqrt{2^{n+1}}} \sum_{x=0}^{2^n-1} |x\rangle(|0\rangle - |1 \oplus 0\rangle) = \frac{1}{\sqrt{2^n}} \sum_{x=0}^{2^n-1} |x\rangle \frac{1}{\sqrt{2}}(|0\rangle - |1\rangle)$$

$f(x) = 1$ の場合

$$|\psi_2\rangle = \frac{1}{\sqrt{2^{n+1}}} \sum_{x=0}^{2^n-1} |x\rangle(|1\rangle - |1 \oplus 1\rangle) = \frac{1}{\sqrt{2^n}} \sum_{x=0}^{2^n-1} (-1)|x\rangle \frac{1}{\sqrt{2}}(|0\rangle - |1\rangle)$$

ここから先、量子ビット $\frac{1}{\sqrt{2}}(|0\rangle - |1\rangle)$ は使用しないので無視します。残りの n 量子ビットすべてに再びアダマールゲートをかけます。

$$|\psi_3\rangle = \frac{1}{\sqrt{2^n}} \sum_{x=0}^{2^n-1} (-1)^{f(x)} H^{\otimes n} |x\rangle = \frac{1}{2^n} \sum_{x=0}^{2^n-1} (-1)^{f(x)} \Big(\sum_{y=0}^{2^n-1} (-1)^{x\cdot y} |y\rangle \Big)$$

$$\cdots (4.5.4)$$

式 (4.5.4) では、

$$H^n |x\rangle = \frac{1}{\sqrt{2^n}} \Big(\sum_{y=0}^{2^n-1} (-1)^{x\cdot y} |y\rangle \Big)$$

という関係を用いています。

ここで $x \cdot y = \oplus_i x_i y_i$ としています。例としてバイナリ表記 $x = x_0 x_1 x_2$, $y = y_0 y_1 y_2$ においては、$x \cdot y = x_0 y_0 \oplus x_1 y_1 \oplus x_2 y_2$ となります (ここでは証明はしませんが、$H^{\otimes 3}|010\rangle$ のような簡単な例を計算することで確認できます)。

さらに、次のように式を整理します。

$$|\psi_3\rangle = \sum_{y=0}^{2^n-1} \Big[\frac{1}{2^n} \sum_{x=0}^{2^n-1} (-1)^{f(x)} (-1)^{x\cdot y} \Big] |y\rangle \quad \cdots (4.5.5)$$

最後に、$|y\rangle = |0\rangle^{\otimes n}$ を測定する確率 $\mathrm{Prob}(|0\rangle)$ を考えます。このとき x の値に関わらず $x \cdot y = 0$ となるため、

$$\mathrm{Prob}(|0\rangle) = \left| \frac{1}{2^n} \sum_{x=0}^{2^n-1} (-1)^{f(x)} \right|^2 \cdots (4.5.6)$$

明らかに、$f(x)$ が定数関数の場合は確率 1 で $|y\rangle = |0\rangle^{\otimes n}$ が測定されます。反対にバランス関数の場合は確率振幅が打ち消し合い、$|y\rangle = |0\rangle^{\otimes n}$ が測定される確率は 0 となります。以上より、$f(x)$ が定数関数かバランス関数かを、オラクルへの質問 1 回で決定論的に判別することができます。

この問題を古典的な方法で決定論的に解くためには、2^n 通りの組み合わせを持つ入力変数 $\{x_0, \dots x_{n-1}\}$ $(x_i \in \{0,1\})$ のうち、$2^n/2 + 1$ 通りについて $f(x)$ の出力を確認する必要があります。仮に入力の全組み合わせの半分まで出力がすべて等しかった

としても、それが定数関数から出力されたのか、バランス関数から片方の出力をたまたま連続して引き当てていたのかを確実に判別することはできないためです。

2 量子回路の実装

アルゴリズムの実装においては、数式で導入したすべてのゲートを量子プログラミング言語で使用可能なゲートで記述できる必要があります（より量子計算機のパフォーマンスを引き出したい場合は使用するハードウェア固有のゲートセットを考慮した記述を行うべきですが、ここでは考えないものとします）。

今回はブラックボックスとして導入したゲートU_fについて、具体的に考えます。

定数関数の場合は簡単です。式 (4.5.3) において$f(x) = 0$の場合はU_fによって状態は変化しません。よって$U_f = I$となります。$f(x) = 1$の場合、

$$U_f|\psi_1\rangle = \frac{1}{\sqrt{2^{n+1}}}\sum_{x=0}^{2^n-1}|x\rangle(|1\rangle - |0\rangle)) \cdots (4.5.7)$$

となり、U_fは最下位量子ビットにXゲートを作用させる操作で表せます。

バランス関数の場合はもう少し複雑です。式 (4.5.3) 中で$\sum_{x=0}^{2^n-1}|x\rangle$に含まれるxの内、$f(x) = 1$となるような半数のx（このようなxの集合を仮に$X_1$としましょう）については式 (4.5.7) 同様に最下位量子ビットがビット反転し、$f(x) = 0$となる残り半数のx（$\in X_0$）については何も変化しないようなゲートU_fが必要です。

ある量子ビットの状態によって他の量子ビットの状態を操作するのですから、CXゲートを用いるのが適切でしょう。一例として$n = 3$の場合、$U_f = CX_{0,3}CX_{1,3}CX_{2,3}$なるゲートが上記の条件を満たします。この場合$x = \text{‘}000'\sim\text{‘}111'$の内、‘1’が奇数個含まれる$x$が$X_1$に属します（$X_0$（$X_1$）の要素によって、$U_f$の構成もまた異なります）。

▼表4-2 　$U_f = CX_{0,3}CX_{1,3}CX_{2,3}$ が表すバランス関数

$|x\rangle$	$U_f|x\rangle|0\rangle = |x\rangle|0 \oplus f(x)\rangle$	$f(x)$: バランス関数
$|000\rangle$	$|000\rangle|0\rangle$	0
$|001\rangle$	$|001\rangle|1\rangle$	1
$|010\rangle$	$|010\rangle|1\rangle$	1
$|011\rangle$	$|011\rangle|0\rangle$	0
$|100\rangle$	$|100\rangle|1\rangle$	1
$|101\rangle$	$|101\rangle|0\rangle$	0
$|110\rangle$	$|110\rangle|0\rangle$	0
$|111\rangle$	$|111\rangle|1\rangle$	1

※X_0 (X_1) の要素によって、U_fの構成もまた異なります。

　上記のゲートU_fを用いて、Deutsch–Jozsaアルゴリズムの量子回路はQiskitにより以下のように実装できます。

```python
import matplotlib.pyplot as plt
%matplotlib inline
import numpy as np

# Qiskitから必要なモジュールをインポート
from qiskit import QuantumCircuit, execute, Aer, IBMQ
from qiskit.tools.visualization import plot_histogram

# f(x) への入力変数xのbit長
n = 3

# オラクルの選択
oracle = "b" # 'b' : バランス関数　'c' : 定数関数

# 定数関数の場合、出力0 or 1を選択します
if oracle == "c":
    c = np.random.randint(2)

# 量子回路の生成
Circuit = QuantumCircuit(n+1, n)

Circuit.x(n) # 最下位量子ビットを反転

for qubit in range(n+1): # 全量子ビットにHゲートを作用させます
    Circuit.h(qubit)
```

```
# オラクルに応じたゲートを作用させます
if oracle == "c":  # 定数関数の場合
    if c == 1:
        Circuit.x(n)
    else:
        Circuit.id(n)
else:  # バランス関数の場合
    for ctr in range(n):
        Circuit.cx(ctr, n)

# 上位n量子ビットにHゲートを作用させます。
for qubit in range(n):
    Circuit.h(qubit)

# 状態の測定
for i in range(n):
    Circuit.measure(i, i)

backend = Aer.get_backend('qasm_simulator')
shots = 1024
results = execute(Circuit, backend=backend, shots=shots).result()
answer = results.get_counts()

print(answer)
plot_histogram(answer)
```

Qiskitを使った汎用量子計算

▼実行結果

```
{'111': 1024}
```

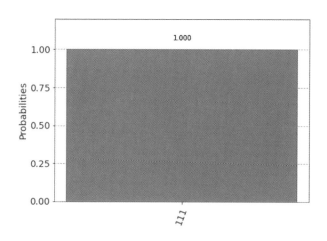

コード例ではオラクルとしてバランス関数を選択しているため、$|y\rangle = |0\rangle^{\otimes n}$を観測する確率が0となっています。余裕のある読者は上記コードでオラクルを定数関数としたとき（oracle = "c"）に、確率1で$|y\rangle = |0\rangle^{\otimes n}$が観測されることも確認してみましょう。

▼図4-5　Deutsch–Jozsa アルゴリズム（バランス関数の場合）の量子回路

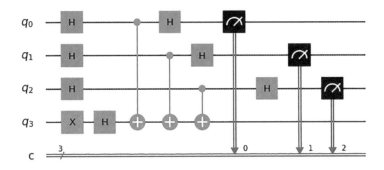

画像出典：日本IBM（オリジナル画像を白黒で使用）

06 Bernstein-Vazirani アルゴリズム

本節では、代表的な量子アルゴリズムの1つであるBernstein-Vaziraniアルゴリズム
を解説します。

1 アルゴリズムの概要

Bernstein-Vaziraniアルゴリズムはまず、以下のような関数 $f_a : \{0,1\}^n \to \{0,1\}$
を考えます。

$$f_a(x) = a \cdot x \bmod 2$$

ここで $a, x \in \{0,1\}^n$ は n bit のバイナリ列です。$f_a(x)$ は外から見るとブラック
ボックスですが定数 a が定められており、任意の入力 $x \in \{0,1\}^n$ に対して値を返し
ます。

Bernstein-Vaziran アルゴリズムは1回の量子回路実行により $f_a(x)$ で定められた
ビット列 a を求めることができます。

2 アルゴリズムの理論

まず、オラクルを含む量子ゲート U_a を以下のように用意します。

$$|x\rangle \xrightarrow{U_a} (-1)^{f_a(x)}|x\rangle$$

このような U_a は非常にシンプルで、以下のように構成することが可能です。

$$U_a = U^1 \otimes U^2 \otimes \cdots \otimes U^n$$

$$U^i = \begin{cases} I & a_i = 0 \\ \sigma_z & a_i = 1 \end{cases}$$

U_a は量子ビット i に対して $a_i = 1$ の場合のみ Z ゲートを作用させます。

Z ゲートは量子ビットの状態が $|1\rangle$ の場合のみ係数をかけます。よって、U_a は $x_i = 1$ かつ $a_i = 1$ となる量子ビット i の個数と同じ回数だけ、係数 -1 をかける働きをします。

以下にアルゴリズムの数式を記載します。

$$|\psi_0\rangle = |0\rangle^{\otimes n}$$

$$\xrightarrow{H^{\otimes n}} \frac{1}{\sqrt{2^n}} \sum_{x=0}^{2^n-1} |x\rangle$$

$$\xrightarrow{U_a} |\psi_1\rangle = \frac{1}{\sqrt{2^n}} \sum_{x=0}^{2^n-1} (-1)^{f_a(x)} |x\rangle$$

$$= \frac{1}{\sqrt{2^n}} \sum_{x=0}^{2^n-1} (-1)^{a \cdot x} |x\rangle$$

ここで簡単のため $f_a(x) = a \cdot x$ としています。オラクルの出力に影響はありません。

$$|\psi_1\rangle \xrightarrow{H^{\otimes n}} |\psi_2\rangle = \frac{1}{\sqrt{2^n}} \sum_{x=0}^{2^n-1} (-1)^{a \cdot x} \frac{1}{\sqrt{2^n}} \sum_{y=0}^{2^n-1} (-1)^{x \cdot y} |y\rangle$$

$$= \frac{1}{2^n} \sum_{x=0}^{2^n-1} \sum_{y=0}^{2^n-1} (-1)^{a \cdot x + x \cdot y} |y\rangle$$

$$= |a\rangle$$

ここでは以下の 2 式を用いました。

$$|x\rangle \xrightarrow{H^{\otimes n}} \frac{1}{\sqrt{2^n}} \sum_{y=0}^{2^n-1} (-1)^{x \cdot y} |y\rangle$$

$$\frac{1}{2^n} \sum_{x=0}^{2^n-1} (-1)^{a \cdot x + x \cdot y} = \delta_{ay}$$

最後に $|a\rangle$ を測定することで、ビット列 a を確率 1 で求めることができます。

$a = $ "100101" であった場合の量子回路は以下のとおりです。$a_i = 1$ に対応する量子ビットにのみでゲートに作用させています。

▼図4-6　$a = $ "100101" の場合の Bernstein-Vazirani アルゴリズム量子回路

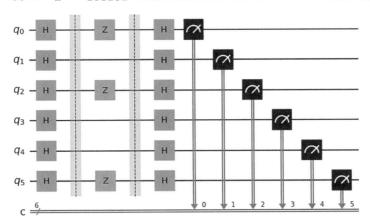

Qiskit における実装コードを以下に記載します。

```python
import numpy as np
from numpy import pi
import math
import matplotlib.pyplot as plt
%matplotlib inline
# Qiskitから必要なモジュールをインポート
from qiskit import QuantumCircuit, execute, Aer, IBMQ
from qiskit.visualization import plot_histogram

# 求めたいビット列
a = '100101'

# オラクルを用意
def oracle(qc, a):
    for i, s in enumerate(reversed(a)):
        if s == '1':
            qc.z(i)

n = len(a)
```

```
qc = QuantumCircuit(n, n)

for i in range(n):
    qc.h(i)
qc.barrier()
oracle(qc, a)
qc.barrier()
for i in range(n):
    qc.h(i)

for i in range(n):
    qc.measure(i,i)

# qc.draw(output='mpl') # 量子回路を描画

backend = Aer.get_backend('qasm_simulator')
shots = 1042
results = execute(qc, backend=backend, shots=shots).result()
answer = results.get_counts()

plot_histogram(answer)
```

▼実行結果

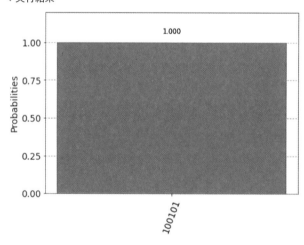

求めたかったビット列aが確率1で得られていることがわかります。

07 Simonのアルゴリズム

本節では、代表的な量子アルゴリズムの1つであるSimonのアルゴリズムを解説します。

1 アルゴリズムの概要

ここでは関数 $f_s(x) : \{0,1\}^n \to \{0,1\}^n$ が次の2つの内どちらであるかを判別する問題を考えます。

① 1-to-1：すべての異なる入力に対し、異なる出力を返す
② 2-to-1：入力 x, x' について $x' = x \oplus s$ ならば、$f_s(x) = f_s(x')$

　　→同じ出力を返す入力が2つずつ存在する。

下表は $s = 110$ とした場合の 2-to-1 $f_s(x)$ の入出力です。

8通りの入力の内2つずつが等しい出力となり、出力は4通りとなることがわかります。

▼表4-3　s＝110とした場合の2-to-1 $f_s(x)$ の入出力

x	s	$x' = x \oplus s$	$f_s(x) = f_s(x')$
000		110	$f_s(000) = f_s(110)$
001		111	$f_s(001) = f_s(111)$
010		100	$f_s(010) = f_s(100)$
011	110	101	$f_s(011) = f_s(101)$
100		010	$f_s(100) = f_s(010)$
101		011	$f_s(101) = f_s(011)$
110		000	$f_s(110) = f_s(000)$
111		001	$f_s(111) = f_s(001)$

Simonのアルゴリズムでは、レジスタ1の$|x\rangle$に対してレジスタ2に$|f_s(x)\rangle$を出力する次のようなゲートU_fを用意します。

$$|x\rangle|0\rangle \xrightarrow{U_f} |x\rangle|f_s(x)\rangle$$

以下に、アルゴリズムの数式を説明します。

sはn bitバイナリ列とします。

$$|0\rangle^{\otimes n}|0\rangle^{\otimes n}$$

$$\xrightarrow{H^{\otimes n}} \frac{1}{\sqrt{2^n}} \sum_{x=0}^{2^n-1} |x\rangle|0\rangle^{\otimes n}$$

$$\xrightarrow{U_f} \frac{1}{\sqrt{2^n}} \sum_{x=0}^{2^n-1} |x\rangle|f_s(x)\rangle$$

$$\xrightarrow{H^{\otimes n}} \frac{1}{2^n} \sum_{x=0}^{2^n-1} \sum_{y=0}^{2^n-1} (-1)^{x \cdot y} |y\rangle|f_s(x)\rangle$$

ここでのアダマールゲートの計算は、式 (4.5.4) と同様です。

最後に$|y\rangle$を測定します。

$f_s(x)$が1-to-1の場合、すべての$|\{0,1\}^n\rangle$が等確率で重ね合わせられた状態が得られるため、測定結果もそれらが均等に得られます。

$f_s(x)$が2-to-1の場合、$|y\rangle|f_s(x)\rangle = |y\rangle|f_s(x \oplus s)\rangle$が成り立つため、各状態$|y\rangle|f_s(x)\rangle$の振幅$\alpha(y,x)$は以下のようになります。

$$\alpha(y,x) = \frac{1}{2^n}\left[(-1)^{x \cdot y} + (-1)^{(x \oplus s) \cdot y}\right]$$

$y \cdot s \equiv 0 \bmod 2$なる$y$を持つ$\alpha(y,x)$が残り、他 ($y \cdot s \equiv 1 \bmod 2$) は打ち消

し合いにより振幅0となります。

n通りの$|y\rangle$の測定結果$y_1, \ldots, y_n$を得るまで量子回路を繰り返し実行します（$\because O(n)$回）。

するとすべてのy_iに対して$y_i \cdot s^* \equiv 0 \bmod 2$となる（有意な）$s^*$を1つ求めることができます。

$f_s(x)$が2-to-1であった場合は$s = s^*$であり、正しいsが得られます。

$f_s(x)$が1-to-1であった場合、s^*は単にランダムなビット列です。

正しいs^*は必ず$f_s(s^*) = f_s(00\ldots0)$を満たします。

$x = 0$に対して$x' = 00\ldots0 \oplus s^* = s^*$が常に成り立つためです。

よって、ランダムなビット列と（確率的に）判別が可能です。

以上により、$f_s(x)$ (1-to-1 or 2-to-1) の判別ができました。

3 量子回路の実装

まず、Simonのアルゴリズムの**オラクル実装**について考えてみましょう。

1-to-1の場合は入力と出力が1対1対応すれば何でも良く、ここでは入力状態について各量子ビットをXゲートでランダムに反転させた状態を補助レジスタへ返すことにします。

2-to-1の場合は、まずレジスタ2に$|x\rangle$をコピーします。任意の状態をコピーすることはNo-cloning theoremで禁止されていますが、標準基底で表された状態を$|0\rangle$に初期化されたレジスタへコピーすることはCNOTゲートを用いれば可能です（$|00\rangle \Rightarrow |00\rangle$, $|10\rangle \Rightarrow |11\rangle$）。

次に、$s_i = 1$（s_i：sのi番目のbit）となる最も下位のbit index i'に対応する$x_{i'}$に注目します。$x_{i'} = 0$ならレジスタ2はsとXORをとり、$x_{i'} = 1$なら何もしない、という操作を行います。

以下に、上記の2-to-1オラクルにおいて$s = 1001$の場合のSimonのアルゴリズムの量子回路を示します。

$q_0, \cdots, q_3$がレジスタ1、$q_4, \cdots, q_7$がレジスタ2に対応します。また、量子回路として実装した$s = 1001$における2-to-1オラクルの出力は下表のとおりです。

▼表4-4　実装例における2-to-1 $f_s(x)$ 出力 (s＝1001)

x	$f_s(x)$	x	$f_s(x)$
0000	1001	1000	0001
0001	1000	1001	0000
0010	1011	1010	0011
0011	1010	1011	0010
0100	1001	1100	0101
0101	1100	1101	0100
0110	1111	1110	0111
0111	1110	1111	0110

▼図4-7　Simonのアルゴリズムの量子回路 (2-to-1、s＝1001)

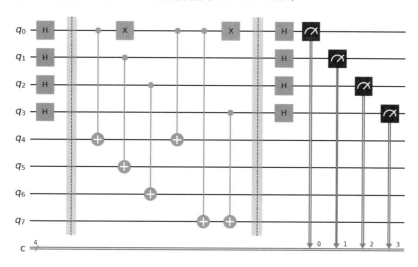

Qiskitでの実装コードは以下のとおりです。

以下コードでは $s \in \mathbb{Z}$ は $1 \leq s < 2^n$ の範囲内でランダムに、オラクルも one-to-one または two-to-one がランダムに選ばれます。

```
import numpy as np
from numpy import pi
import math
import matplotlib.pyplot as plt
%matplotlib inline
```

```python
# Qiskitから必要なモジュールをインポート
from qiskit import QuantumCircuit, execute, Aer, IBMQ
from qiskit.visualization import plot_histogram


def one_to_one_oracle(qc, s, n):
    for i in range(n):
        if np.random.rand() > 0.5:
            qc.x(i)
    for i in range(n):
        qc.cx(i, i + n)


def two_to_one_oracle(qc, s, n):
    flag = 0
    for i, si in enumerate(reversed(s)):
        qc.cx(i, i + n)
        if si == '1' and flag == 0:
            qc.x(i)
            for j, sj in enumerate(reversed(s)):
                if sj == '1':
                    qc.cx(i, j + n)
            qc.x(i)
            flag = 1



# アルゴリズムの本体
n = 4
N = np.random.randint(1, 2**n-1)
s = bin(N)[2:].zfill(n)

qc = QuantumCircuit(n * 2 , n)

for i in range(n):
    qc.h(i)

qc.barrier()

if np.random.rand() > 0.5:
    two_to_one_oracle(qc, s, n)
    selected = 'two_to_one'
else:
    one_to_one_oracle(qc, s, n)
    selected = 'one_to_one'

qc.barrier()

for i in range(n):
```

```
        qc.h(i)

for i in range(n):
    qc.measure(i,i)

# qc.draw(output='mpl')  # 量子回路を描画

backend = Aer.get_backend('qasm_simulator')
shots = 1042
results = execute(qc, backend=backend, shots=shots).result()
answer = results.get_counts()

print(selected)
print(s)
plot_histogram(answer)
```

▼実行結果（2-to-1オラクル、s＝1001の場合）

```
two_to_one
s = 1001
```

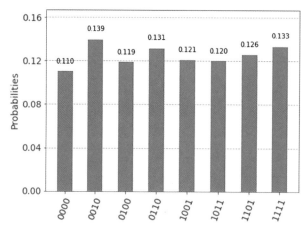

　測定結果は2^4通りの半分となる8通りで、すべて$y_i \cdot s \equiv 0 \bmod 2$を満たしていることがわかります。この中から'0000'以外の測定結果を$n = 4$通り得られた時点でsを求めることができます。

　求めたsが正しいことは、オラクル部分のみの量子回路にそれぞれ$|0\rangle^{\otimes n}$を入力し

128

た場合と$|s\rangle$を入力した場合との間で、レジスタ2を測定した結果が等しくなることで確認できます。

　反対に等しくない場合は、測定結果がone-to-oneオラクルより得られたのだとわかります。

　余裕のある読者は上記のコードを実行し、one-to-oneオラクルが選ばれた場合の測定結果も確認してみましょう。

画像出典：日本IBM（オリジナル画像を白黒で使用）

08 量子フーリエ変換

量子フーリエ変換は、離散フーリエ変換に対応する量子アルゴリズムです。離散フーリエ変換自体が古典信号処理などで非常に広く使用されている有用なアルゴリズムですが、量子フーリエ変換は他の量子アルゴリズムの構成要素としても重要なアルゴリズムです。

1 アルゴリズムの理論

まず、**離散フーリエ変換**は以下のように表されます。

$$y_j = \frac{1}{\sqrt{N}} \sum_{k=0}^{N-1} x_k w_N^{kj} = \frac{1}{\sqrt{N}} \sum_{k=0}^{N-1} x_k e^{2\pi i \frac{kj}{N}} \cdots (4.8.1)$$

これは点列 $x_j\ (j = 0, 1, \cdots, N-1)$ から別の点列 $y_k\ (k = 0, 1, \cdots, N-1)$ へのマッピングと捉えることができます。

量子フーリエ変換は上記のマッピングを、量子状態の係数の組に対して行うと考えることができます。

$$\sum_{k=0}^{N-1} x_k |k\rangle \xrightarrow{QFT} \sum_{j=0}^{N-1} y_j |j\rangle$$

$$= \sum_{j=0}^{N-1} \frac{1}{\sqrt{N}} \sum_{k=0}^{N-1} x_k w_N^{kj} |j\rangle$$

$$= \sum_{k=0}^{N-1} x_k \sum_{j=0}^{N-1} \frac{1}{\sqrt{N}} w_N^{kj} |j\rangle \cdots (4.8.2)$$

式 (4.8.1) と同様、$\omega_N^{kj} = e^{2\pi i \frac{kj}{N}}$ としています。

また1つの基底 $|k\rangle$ に注目すると、式 (4.8.2) の最初と最後の式を比較して

$$|k\rangle \xrightarrow{QFT} \sum_{j=0}^{N-1} \frac{1}{\sqrt{N}} w_N^{kj} |j\rangle \cdots (4.8.3)$$

としても同じ変換を意味することがわかります。以降、量子フーリエ変換を主に式 (4.8.3) の形式で考えます。

QFTを行う量子ゲート U_{QFT} どのように実現するかを考えるため、式 (4.8.3) をさらに変形してみましょう。

$$U_{QFT}|k\rangle = \frac{1}{\sqrt{N}} \sum_{j=0}^{N-1} e^{2\pi i \frac{kj}{N}} |j\rangle$$

$$= \frac{1}{\sqrt{N}} \sum_{j=0}^{N-1} e^{2\pi i k(\sum_{l=1}^{n} \frac{j_{l-1}}{2^l})} |j_0 j_1 \ldots j_{n-1}\rangle \cdots (4.8.4)$$

ここで、$j \in \{0, 1, \cdots N-1\}$ の n bit 2進数表記を $j_0 j_1 \cdots j_{n-1}$ としています。

例) $n=4, j=9$ の場合、

$$j_0 j_1 j_2 j_3 = 1001、j = 2^3 \times j_0 + 2^2 \times j_1 + 2^1 \times j_2 + 2^0 \times j_3 = 9$$

$$\frac{j}{N} = \frac{j_0 \cdot 2^3 + j_1 \cdot 2^2 + j_2 \cdot 2^1 + j_3 \cdot 2^0}{2^4} = \sum_{l=1}^{l=n} \frac{j_{l-1}}{2^l}$$

式 (4.8.4) は次のように、それぞれ位相の異なる1量子ビット状態同士のテンソル積として表すことができます。

$$(4.8.4) = \frac{1}{\sqrt{N}} \sum_{j=0}^{N-1} e^{2\pi i k(\sum_{l=1}^{n} \frac{j_{l-1}}{2^l})} |j_0 j_1 \ldots j_{n-1}\rangle$$

$$= \frac{1}{\sqrt{N}} (|0\rangle + e^{2\pi i k \frac{1}{2^1}}|1\rangle) \otimes (|0\rangle + e^{2\pi i k \frac{1}{2^2}}|1\rangle) \otimes \cdots \otimes (|0\rangle + e^{2\pi i k \frac{1}{2^n}}|1\rangle)$$

$$\cdots (4.8.5)$$

　3量子ビットでの量子フーリエ変換をQiskitの量子回路で表すと、図4-8のようになります。

▼図4-8　3量子ビットにおける量子フーリエ変換回路

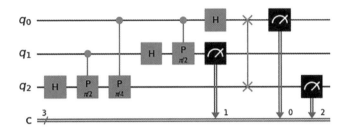

　式 (4.8.5) が量子回路にどのように落とし込まれているかを確認しましょう。

　ここで注意が必要なのですが、Qiskitはq_0を最下位量子ビットとする仕様です。よって入力$|k\rangle$について、$k = 2^2 k_2 + 2^1 k_1 + 2^0 k_0$します。

　まず、式 (4.8.5) は次のように書けます。

$$U_{QFT}|k\rangle$$

$$= \frac{1}{\sqrt{8}}(|0\rangle + e^{2\pi i \frac{2^2 k_2 + 2^1 k_1 + 2^0 k_0}{2^1}}|1\rangle) \otimes (|0\rangle + e^{2\pi i \frac{2^2 k_2 + 2^1 k_1 + 2^0 k_0}{2^2}}|1\rangle) \otimes$$
$$(|0\rangle + e^{2\pi i \frac{2^2 k_2 + 2^1 k_1 + 2^0 k_0}{2^3}}|1\rangle)$$

$$= \frac{1}{\sqrt{8}}(|0\rangle + e^{2\pi i(2k_2 + 2^0 k_1 + \frac{1}{2}k_0)}|1\rangle) \otimes (|0\rangle + e^{2\pi i(2^0 k_2 + \frac{1}{2}k_1 + \frac{1}{2^2}k_0)}|1\rangle) \otimes$$
$$(|0\rangle + e^{2\pi i(\frac{1}{2}k_2 + \frac{1}{2^2}k_1 + \frac{1}{2^3}k_0)}|1\rangle)$$

$$= \frac{1}{\sqrt{8}}(|0\rangle + e^{2\pi i(\frac{1}{2}k_0)}|1\rangle) \otimes (|0\rangle + e^{2\pi i(\frac{1}{2}k_1 + \frac{1}{2^2}k_0)}|1\rangle) \otimes$$
$$(|0\rangle + e^{2\pi i(\frac{1}{2}k_2 + \frac{1}{2^2}k_1 + \frac{1}{2^3}k_0)}|1\rangle)$$

$$\cdots (4.8.6)$$

式 (4.8.6) は入力 $|k\rangle = |k_2 k_1 k_0\rangle$ $(k_i \in \{0,1\})$ の状態に応じた、U_{QFT} による変換後の各量子ビットにおける状態 $|1\rangle$ の位相回転を示しています。

入力量子ビットの状態に応じた位相回転を行うために、制御位相ゲート ($CU_1(\theta)$、または $CP(\theta)$) を用いています。制御位相ゲートは次のような行列で表される2量子ビットゲートで、コントロール量子ビットの状態が $|1\rangle$ の場合に、ターゲット量子ビットに $P(\theta)$ ゲートを作用させ、ターゲット量子ビットの状態 $|1\rangle$ の位相を回転させます。

$$CP(\theta) = \begin{pmatrix} 1 & 0 & 0 & 0 \\ 0 & 1 & 0 & 0 \\ 0 & 0 & 1 & 0 \\ 0 & 0 & 0 & e^{i\theta} \end{pmatrix}$$

$$P(\theta) = \begin{pmatrix} 1 & 0 \\ 0 & e^{i\theta} \end{pmatrix}$$

また H ゲートは $H|0\rangle = \frac{1}{\sqrt{2}}(|0\rangle + |1\rangle)$、$H|1\rangle = \frac{1}{\sqrt{2}}(|0\rangle - |1\rangle)$ より、

$$H|k_i\rangle = \frac{1}{\sqrt{2}}(|0\rangle + e^{i\pi k_i}|1\rangle) \quad (k_i \in \{0,1\})$$

として位相回転を与えます。

これらのゲートによって図中の量子ビット q_2 が受ける位相回転を抜き出して計算し、式 (4.8.6) と比較します。

$$H|q_2\rangle = \frac{1}{\sqrt{2}}(|0\rangle + e^{i\pi q_2}|1\rangle)$$

$$\xrightarrow{CU_1(\frac{\pi}{2},1,2)} \frac{1}{\sqrt{2}}(|0\rangle + e^{i\pi q_2 + \frac{i\pi}{2}q_1}|1\rangle)$$

$$\xrightarrow{CU_1(\frac{\pi}{4},0,2)} \frac{1}{\sqrt{2}}(|0\rangle + e^{i\pi q_2 + \frac{i\pi}{2}q_1 + \frac{i\pi}{4}q_0}|1\rangle)$$

これは式 (4.8.6) の最下位量子ビットの位相と一致します。前にも述べたように Qiskit は q_0 を最下位量子ビットとするため、最下位量子ビットは q_0 から出力されるべきです。しかし、上記の操作では q_2 から出力されており、逆になっています。よって最後に SWAP ゲートを用いて量子ビットの順番を逆にする必要があります。

図4-8の量子回路の実装コードは以下のとおりです。

```python
import numpy as np
from numpy import pi
import math
import matplotlib.pyplot as plt
%matplotlib inline
# Qiskitから必要なモジュールをインポート
from qiskit import QuantumCircuit, execute, Aer, IBMQ
from qiskit.visualization import plot_histogram

def qft_rotate_single(circuit, i):
    circuit.h(i)
    for qubit in reversed(range(0, i)):
        circuit.cp(pi/2**(i - qubit), qubit, i)

def qft(circuit, n):
    for i in reversed(range(n)):
        qft_rotate_single(circuit, i)
    for i in range(math.floor(n/2)):
        circuit.swap(i, n - (i + 1))

n = 3 # 使用する量子ビット数。変更して試してみましょう。
qc = QuantumCircuit(n, n)

qft(qc, n)

for i in range(n):
    qc.measure(i, i)
# qc.draw('mpl') # 量子回路を出力

backend = Aer.get_backend('qasm_simulator')
shots = 8192
results = execute(qc, backend=backend, shots=shots).result()
answer = results.get_counts()

print(answer)
plot_histogram(answer)
```

▼実行結果

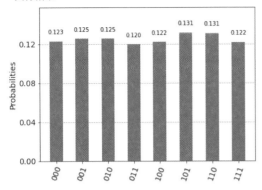

　実装コードでは初期状態$|0\rangle^{\otimes 3}$をそのまま量子フーリエ変換しており、測定結果は
すべて等確率に見えます。これは式 (4.8.4) を見れば明らかで、また以下のように
Qiskitの"StatevectorSimulator"を用いて確認することも可能です。

```
n = 3 # 使用する量子ビット数。
qc = QuantumCircuit(n, n)

qft(qc, n)
# 今回は測定前の状態ベクトルを確認したいため、量子回路に測定は含めず実行します。

# qc.draw('mpl')
simulator = Aer.get_backend('statevector_simulator')
result = execute(qc, simulator).result()
statevector = result.get_statevector(qc)
print(statevector)
```

▼実行結果

```
[0.35355339+0.j 0.35355339+0.j 0.35355339+0.j 0.35355339+0.j
 0.35355339+0.j 0.35355339+0.j 0.35355339+0.j 0.35355339+0.j]
```

　量子フーリエ変換のありがたさを知るには、他のアルゴリズム内での使われ方を見
るのが早いです。ここではこのくらいに収めておきましょう。

09 量子位相推定

本節で紹介する量子位相推定は、量子状態の位相として行列の固有値を求めるアルゴリズムです。行列の固有値推定は、量子化学計算をはじめとした多くのアルゴリズムに用いられます。そのため、量子位相推定は、多くの有用な量子アルゴリズムのサブモジュールとして確実におさえておきたいアルゴリズムです。

1 アルゴリズムの概要

量子位相推定は、ユニタリ演算子 U とその固有ベクトルの1つ $|\psi\rangle$ が与えられたときに、その固有値を求めるアルゴリズムです。より具体的には、次式中の θ を求めます。

$$U|\psi\rangle = e^{2\pi i\theta}|\psi\rangle \quad \cdots (4.9.1)$$

量子位相推定を行う前提として、Uの固有ベクトル $|\psi\rangle$ が用意されており、かつ制御 U^j ゲート（j：自然数）が実行可能でなければなりません。これらの厳しい前提条件のため、量子位相推定は単体としてよりも、あとの節で紹介するShorのアルゴリズムなどのサブモジュールとして用いられることが一般的です。

2 アルゴリズムの理論

アルゴリズムの詳細に入る前に、量子位相推定を理解する上で重要な2点のポイントを紹介します。

1点目は、**位相キックバック**と呼ばれる手法です。

位相キックバックのシンプルな例として、**アダマールテスト**と呼ばれるアルゴリズムを紹介します。

初期状態 $|0\rangle|\psi\rangle$（$|0\rangle$ をレジスタ0、$|\psi\rangle$ をレジスタ1とします）と、制御ユニタリゲート CU を用意します。初期状態に対して以下のように、アダマールゲートとCUゲートを作用させます。

$$|0\rangle|\psi\rangle$$

$$\xrightarrow{H_0} \frac{1}{\sqrt{2}}(|0\rangle + |1\rangle)|\psi\rangle$$

$$\xrightarrow{CU_{0,1}} \frac{1}{\sqrt{2}}(|0\rangle|\psi\rangle + |1\rangle U|\psi\rangle)$$

$$\xrightarrow{H_0} \frac{1}{2}(|0\rangle|\psi\rangle + |1\rangle|\psi\rangle + |0\rangle U|\psi\rangle - |1\rangle U|\psi\rangle)$$

$$= \frac{1}{2}(|0\rangle(|\psi\rangle + U|\psi\rangle) + |1\rangle(|\psi\rangle - U|\psi\rangle))$$

ここで $|\psi\rangle$ が U の固有ベクトルである場合、固有値を $e^{2\pi i\theta}$ とすると

$$= \frac{1}{2}(|0\rangle(|\psi\rangle + e^{2\pi i\theta}|\psi\rangle) + |1\rangle(|\psi\rangle - e^{2\pi i\theta}|\psi\rangle))$$

$$= \left(\frac{(1 + e^{2\pi i\theta})}{2}|0\rangle + \frac{(1 - e^{2\pi i\theta})}{2}|1\rangle\right)|\psi\rangle \quad \cdots (4.9.2)$$

となり、$|\psi\rangle$ に対応する固有値 $e^{2\pi i\theta}$ がレジスタ0の振幅として取り出されていることがわかります。このような操作を**位相キックバック**と呼びます。

レジスタ0を測定すると、確率 $\mathrm{Prob}(|0\rangle)$ で測定値 "0" を得ます。

$$\mathrm{Prob}(|0\rangle) = \left|\frac{1 + e^{2\pi i\theta}}{2}\right|^2 = \frac{1 + \cos(2\pi\theta)}{2} \quad \cdots (4.9.3)$$

以上より、$\mathrm{Prob}(|0\rangle)$ を複数回のサンプリング結果から近似的に求めることで $e^{2\pi i\theta}$ の実部を求められます。

アダマールテストの一連の流れとして、U の固有ベクトル $|\psi\rangle$ の固有値 $e^{2\pi i\theta}$ を、制御ユニタリゲート CU により補助量子ビット（レジスタ0）における状態 $|1\rangle$ の位相として取り出し、直接 $|\psi\rangle$ を測定せずに補助量子ビットの測定結果から $e^{2\pi i\theta}$ の実部を推定しました。

ここでは補助量子ビットの振幅から固有値を取り出すために複数回のサンプリングを前提としており、また固有値の実部のみが得られます。

量子位相推定では逆量子フーリエ変換（量子フーリエ変換の逆演算）を組み合わせることによって、より洗練された方法で固有値を得ます。以下では2点目のポイントである、逆量子フーリエ変換の活用について述べます。

まず量子フーリエ変換についておさらいしましょう。

式 (4.8.4) より： $\quad U_{QFT}|k\rangle = \dfrac{1}{\sqrt{N}} \displaystyle\sum_{j=0}^{N-1} e^{2\pi i \frac{kj}{N}} |j\rangle$

よりわかりやすくするため、具体的に $N = 2^3$ の場合を考えて右辺を展開すると、次のようになります。

$$U_{QFT}|k\rangle = \frac{1}{\sqrt{8}} \big[|000\rangle + e^{2\pi i k \frac{1}{2^3}} |001\rangle + e^{2\pi i k \frac{1}{2^2}} |010\rangle + e^{2\pi i k (\frac{1}{2^3} + \frac{1}{2^2})} |011\rangle +$$
$$e^{2\pi i k \frac{1}{2}} |100\rangle + e^{2\pi i k (\frac{1}{2^1} + \frac{1}{2^3})} |101\rangle + e^{2\pi i k (\frac{1}{2^1} + \frac{1}{2^2})} |110\rangle + e^{2\pi i k (\frac{1}{2^3} + \frac{1}{2^2} + \frac{1}{2^3})} |111\rangle \big]$$

$$\cdots (4.9.4)$$

右辺における各状態 $|j_0 j_1 j_2\rangle$ の係数は、$e^{2\pi i k (\frac{j_0}{2^1} + \frac{j_1}{2^2} + \frac{j_2}{2^3})}$ で表せる値になっています。よって右辺の各項は直感的には「$|j_0 j_1 j_2\rangle$ について、$j_l = 1$ ならば位相を $e^{2\pi i \frac{k}{2^{l+1}}}$ だけ回転させる」といった操作によって作ることができます。さらに $k = 2^3 \theta$ とおけば $\frac{k}{2^{l+1}}$ は θ の整数倍となります。

式 (4.9.2) の右辺の状態を作ることができれば、それに対し逆量子フーリエ変換 U_{QFT}^{-1} を行うことで状態 $|k\rangle = |2^3 \theta\rangle$ が得られるため、測定により θ が求められます。そのための位相回転を、ユニタリ演算子 U の固有ベクトル $|\psi\rangle$ に対する固有値 $e^{2\pi i \theta}$ から、位相キックバックを用いて得ることが量子位相推定の大まかな流れです。

アルゴリズムの詳細に移りましょう。初期状態として $|0\rangle$ に初期化されたn量子ビットレジスタと、固有値の位相を推定したいユニタリ演算子の固有状態 $|\psi\rangle$ を用意します。

$$|\psi_0\rangle = |0\rangle^{\otimes n}|\psi\rangle$$

$$\xrightarrow{H^{\otimes n}} \frac{1}{\sqrt{2^n}}(|0\rangle + |1\rangle)^{\otimes n}|\psi\rangle$$

$$= \frac{1}{\sqrt{2^n}}\left[(|0\rangle + |1\rangle) \otimes (|0\rangle + |1\rangle) \otimes \cdots \otimes (|0\rangle + |1\rangle)\right]|\psi\rangle \quad \cdots (4.9.5)$$

ここで先頭のn量子ビットそれぞれを制御量子ビットとした制御ユニタリゲートを作用させます。先頭からl ($l \in \{0, 1, ..., n-1\}$) 番目の量子ビットを制御量子ビットとした制御ユニタリは2^{n-l-1}回作用させます。

制御されたユニタリゲートは固有状態$|\psi\rangle$に作用し、その固有値$e^{2\pi i\theta}$を制御量子ビットの状態$|1\rangle$にかかる係数として取り出すことができます（位相キックバック）。

$$\xrightarrow{C-\hat{U}^m} \frac{1}{\sqrt{2^n}}\left[(|0\rangle + e^{2\pi i\theta 2^{n-1}}|1\rangle) \otimes (|0\rangle + e^{2\pi i\theta 2^{n-2}}|1\rangle) \otimes \right.$$

$$\left. \cdots \otimes (|0\rangle + e^{2\pi i\theta 2^0}|1\rangle)\right]|\psi\rangle$$

$$= \frac{1}{\sqrt{2^n}}\sum_{k=0}^{2^n-1} e^{2\pi i\theta k}|k\rangle \otimes |\psi\rangle \quad \cdots (4.9.4)$$

$$\xrightarrow{QFT^{-1}} \frac{1}{2^n}\sum_{k=0}^{2^n-1}\sum_{x=0}^{2^n-1} e^{2\pi i k\theta}e^{-2\pi ik\frac{x}{2^n}}|x\rangle \otimes |\psi\rangle$$

$$= \frac{1}{2^n}\sum_{k=0}^{2^n-1}\sum_{x=0}^{2^n-1} e^{-\frac{2\pi ik}{2^n}(x-2^n\theta)}|x\rangle \otimes |\psi\rangle \quad \cdots (4.9.6)$$

ちょうど$2^n\theta = x$が整数となるようなθであった場合、$|x\rangle$を測定すれば、結果$2^n\theta$が確率1で得られるためθを知ることができます。

また、$2^n\theta = x$が整数でない場合でも、$|x\rangle$の測定結果は$2^n\theta$に近い値が高い確率で得られます。よって1回転分の位相2πを2^n分割した精度で、固有値を近似的に推定することが可能です。

以下にQiskitでの実装例を記載します。

ここでは簡単な例として、固有値を求めたいユニタリ行列を位相ゲート $P(\theta)$ とします。制御ユニタリゲートは制御位相ゲート $CP(\theta')$ として実装します。

$P(\theta')$ は固有値 $e^{i\theta'}$ である固有状態 $|1\rangle$ を持つため、固有状態は初期状態 $|0\rangle$ にXゲートを作用することで用意できます。

測定結果から計算される θ は式 (4.9.1) との比較により、$e^{2\pi i\theta} = e^{i\theta'}$ であるため、$\theta = \dfrac{\theta'}{2\pi}$ の関係が成り立ちます。実装例においては、乱数より生成したパラメータ θ' を位相推定により近似的に求めます。

▼図4-9 量子位相推定回路

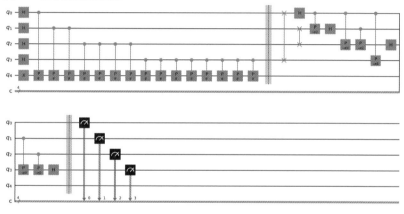

前半部分では、q_4 にXゲートを用いて固有状態 $|1\rangle$ を用意し、q_4 をターゲット量子ビット、q_0, q_1, q_2, q_3 を1つずつ制御量子ビットとした制御位相ゲートを繰り返し作用させ、位相キックバックを行っています。

後半部分で逆量子フーリエ変換を行っています。

量子回路を実装するコードを以下に記載します。

```python
import math
import matplotlib.pyplot as plt
%matplotlib inline
```

```python
# Qiskitから必要なモジュールをインポート
from qiskit import QuantumCircuit, execute, Aer, IBMQ
from qiskit.visualization import plot_histogram
from qiskit.circuit import Parameter

# 逆量子フーリエ変換関数を用意
def qft_rotate_single_inv(circuit, i, n):
    if n == 0:
        return circuit
    for qubit in range(0, i):
        circuit.cp(-pi/2**(i - qubit), qubit, i)
    circuit.h(i)

def qft_dagger(circuit, n):
    for i in range(math.floor(n/2)):
        circuit.swap(i, n - (i + 1))
    for i in range(n):
        qft_rotate_single_inv(circuit, i, n)

n_encode = 4 # 求めたい固有値の位相角をエンコードする量子ビット数
n_eigstate = 1 # 固有状態の量子ビット数
n = n_encode + n_eigstate
phase = np.random.rand()
theta = Parameter('θ\'')

qc = QuantumCircuit(n, n_encode)
qc.x(n_encode) # 固有状態を用意

for qubit in range(n_encode):
    qc.h(qubit)

repetitions = 1
for count in range(n_encode):
    for i in range(repetitions):
        qc.cp(theta, count, n_encode)
    repetitions *= 2

qc.barrier()
qft_dagger(qc, n_encode)

qc.barrier()
for n in range(n_encode):
    qc.measure(n,n)

# qc.draw(output='mpl')   # 量子回路を描画
```

```
qc_parametrized = [qc.bind_parameters({theta: phase}) for i in
range(2**n_encode - 1)][-1]
backend = Aer.get_backend('qasm_simulator')
shots = 1042
results = execute(qc, backend=backend, shots=shots).result()
answer = results.get_counts()

plot_histogram(answer)
```

▼実行結果

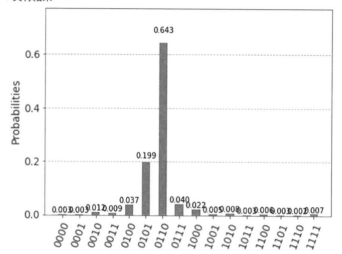

　測定結果は'0110'（$x = 6$）が最も高い確率で得られました。今回は、この値を直接
用いて、近似された位相推定値を算出します。

　コード内で設定したパラメータ θ' より換算した θ（＝真値）と、位相推定により推定
されたパラメータ θ（＝推定値）を比較しましょう。

```
ans_idx = np.argmax(list(results.get_counts().values()))
phase_estimated = ans_idx / (2 ** n_encode)
print('True phase: {:.4f}'.format(phase / (2 * np.pi)))
print('Estimated phase: {:.4f}'.format(phase_estimated))
```

```
True phase: 0.3529
Estimated phase: 0.3750
```

　位相推定により真値に近いパラメータ θ を推定できていることがわかります。また量子ビット数を増やすことで、より近似精度の高い結果を得ることができます。

 IBMの英語ブログ　その①

　IBMの公式ブログで金融に関して触れているものを見ていきましょう。

　そこでは主な活用範囲として、ターゲティングと予測、取引最適化、リスクプロファイリングと書いてあります。

・Quantum computing's specific use cases for financial services can be classified into three main categories: targeting and prediction, trading optimization, and risk profiling.

https://www.ibm.com/thought-leadership/institute-business-value/report/exploring-quantum-financial

CHAPTER4

10 Shorのアルゴリズム

本節で紹介するShorのアルゴリズムは、量子コンピュータが実社会に大きなインパクトを与えうる例として最も多く引用されてきたといっても良いアルゴリズムです。先に紹介した量子位相推定、量子フーリエ変換をサブモジュールとして利用してどのように困難な問題をこのアルゴリズムが解くのかを見ていきましょう。

1　アルゴリズムの概要

Shorのアルゴリズムは素因数分解を効率的に解く量子アルゴリズムです。大きな数の素因数分解は古典コンピュータで効率的に解くことができず、世界で広く使用されているRSA暗号の安全性を担保する要因となっています。

古典コンピュータで効率的に解けない問題を量子コンピュータで効率的に解くことができ、かつ実社会に大きな影響を与えうる量子アルゴリズムとして、Shorのアルゴリズムは最も有名な量子アルゴリズムの1つです。

ここではShorのアルゴリズムがどのように素因数分解を行うのか見ていきましょう。まず、素因数分解問題を次のように定めます。

「n bitで表される自然数Nについて、$N = pq$（p, q素数）なるp, qを求める。」

次に、この問題を解く手順の概要を説明します。

❶ Nは奇数とします。偶数の場合、自明で2が素因数のためです。
❷ $x \in \{1, \cdots, N-1\}$なるxをランダムに1つ選びます。
❸ xとNの最大公約数（以降、$\gcd(x, N)$と表記します）を計算します。
　$\gcd(x, N) \neq 1$の場合、見つけた最大公約数が素因数です。
　$\gcd(x, N) = 1$の場合、次の手順に進みます。

❹ $x^r \equiv 1 \pmod{N}$ となる r を求めます。

➡ $(x^{r/2} + 1)(x^{r/2} - 1) \equiv 0 \pmod{N}$

ここで、以下の条件を満たせば $\gcd(x^{r/2} - 1, N)$ が素因数となります。

- r が偶数
- $x^{r/2} + 1 \not\equiv 0 \pmod{N}$

条件を満たさない場合は❷に戻ります。ただし、1/2以上の確率でこの条件は満たされることが知られています。

手順❹の「$x^r \equiv 1 \pmod{N}$ となる r」を求める問題は周期発見問題と呼ばれます。これを量子アルゴリズムにより効率的に解けることで、Shorのアルゴリズムは既知の古典アルゴリズムより高速であるといえます。

以下で、周期発見問題を解く量子アルゴリズムを説明します。

まず、通常の関数 $f(a) = x^a \bmod N$ を考えます。
この関数は例として $N = 15, x = 2$ とすると周期関数であることがわかります。

$$f(0) = 1, f(1) = 2, f(2) = 4, f(3) = 8, f(4) = 1, f(5) = 2,$$
$$f(6) = 4, f(7) = 8$$

であり、周期 $r = 4$ となります。また、x に関わらず $f(0) = 1$ です。

次に、$U|a\rangle = |xa \bmod N\rangle$ なる U を考えます。
このように置くと $U^k|1\rangle = |x^k \bmod N\rangle$ となり、同じく $N = 15, x = 2$ とすると以下のような周期性が得られます。

$$U^0|1\rangle = |1\rangle, U^1|1\rangle = |2\rangle, U^2|1\rangle = U|2\rangle = |4\rangle, U^3|1\rangle = U|4\rangle = |8\rangle$$

$$U^4|1\rangle = U|8\rangle = |1\rangle, U^5|1\rangle = U|1\rangle = |2\rangle \cdots (*)$$

この U は非常に便利な固有状態 $|u_j\rangle$ を持ちます。最も基本的な固有状態 $|u_0\rangle$ は次式のとおりです。

Qiskitを使った汎用量子計算

145

$$|u_0\rangle = \frac{1}{\sqrt{r}} \sum_{k=0}^{r-1} |x^k \bmod N\rangle \quad (r : \text{周期})$$

$N = 15, x = 2$ を例として、

$$|u_0\rangle = \frac{1}{2}(|1\rangle + |2\rangle + |4\rangle + |8\rangle)$$

$$U|u_0\rangle = \frac{1}{2}(|2\rangle + |4\rangle + |8\rangle + |1\rangle)$$

のように $|u_0\rangle$ に含まれる状態がインクリメントし、結果として元の状態から変化しません。よって固有値は1です。

$|u_0\rangle$ は固有値1となる特殊な場合で、U の固有状態 $|u_j\rangle$ はより一般的に次のように書けます。

$$|u_j\rangle = \frac{1}{\sqrt{r}} \sum_{k=0}^{r-1} e^{\frac{-2\pi ijk}{r}} |x^k \bmod N\rangle$$

$$U|u_j\rangle = e^{\frac{2\pi ij}{r}} |u_j\rangle \cdots (**)$$

$j = 1$ の場合、

$$|u_1\rangle = \frac{1}{2}(|1\rangle + e^{-\frac{1}{2}\pi ij}|2\rangle + e^{-\pi ij}|4\rangle + e^{-\frac{3}{2}\pi ij}|8\rangle)$$

$$U|u_1\rangle = \frac{1}{2}(|2\rangle + e^{-\frac{1}{2}\pi ij}|4\rangle + e^{-\pi ij}|8\rangle + e^{-\frac{3}{2}\pi ij}|1\rangle)) = e^{\frac{1}{2}\pi i}|u_1\rangle$$

$|u_j\rangle$ について、実は $\dfrac{1}{\sqrt{r}} \displaystyle\sum_{j=0}^{r-1} |u_j\rangle = |1\rangle$ が成り立ちます。

($|1\rangle$ を除く状態は打ち消し合い、消えてしまいます)

また固有状態 $|u_j\rangle$ は、$|u_0\rangle$ を除き、固有値に周期 r の情報を含んでいます。それにより、状態 $|1\rangle$ を用意し、制御 U ゲート ($U|a\rangle = |xa \bmod N\rangle$) を用いて量子位相推定を行えば、いずれかの固有値が得られます。その固有値から r を求めることができます。

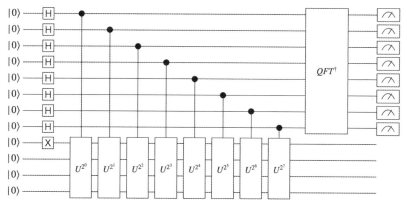

3　量子回路の実装

以上を用いて、ShorのアルゴリズムをQiskitで実装してみましょう。

最大の課題は$U|a\rangle = |xa \bmod N\rangle$なる$U$を持つ制御$U$ゲートの実装です。

このような「制御-剰余乗算」の実装については文献[1]や、またさらに実装の効率化を図りShorのアルゴリズムに必要な量子ビット数を削減した文献[2]などで扱われています。

ただし、それらは長く複雑な量子回路実装を伴うため、ここではよりShorのアルゴリズムのイメージを掴みやすくすることを目的とし、$x = 2, N = 15$の場合のみ機能する以下のゲートを定義します。

```
# モジュールインポート
import numpy as np
from numpy import pi
import math
import matplotlib.pyplot as plt
%matplotlib inline
from qiskit import QuantumCircuit, execute, Aer, IBMQ
from qiskit.visualization import plot_histogram


def cmul_mod15(repetitions):
    U = QuantumCircuit(4)
    for i in range(repetitions):
        U.swap(3, 2)
        U.swap(2, 1)
        U.swap(1, 0)
```

```
    U = U.to_gate()
    c_U = U.control(1)
    return c_U
```

この関数は式 (∗) の U と同じ働きをする量子回路を作成してからユニタリゲート
に変換し、さらにそれを制御 U ゲートに変換したものを返します。

あとは、この制御 U ゲートを用いた量子位相推定回路を構築します。

```
# 逆量子フーリエ変換
def qft_rotate_single_inv(circuit, i, n):
    if n == 0:
        return circuit
    for qubit in range(0, i):
        circuit.cp(-pi/2**(i - qubit), qubit, i)
    circuit.h(i)


def qft_dagger(circuit, n):
    for i in range(math.floor(n/2)):
        qc.swap(i, n - (i + 1))
    for i in range(n):
        qft_rotate_single_inv(circuit, i, n)

# アルゴリズムの本体
n_encode = 8    # 求めたい固有値の位相角をエンコードする量子ビット数
n_eigstate = 4  # 固有状態の量子ビット数
qc = QuantumCircuit(n_encode +n_eigstate , n_encode)

for i in range(n_encode):
    qc.h(i)
qc.x(n_encode)


repetitions = 1
for count in range(n_encode):
    qc.append(cmul_mod15(repetitions),
        [count] + [8, 9, 10, 11])
    repetitions *= 2


qft_dagger(qc, 8)


for i in range(n_encode):
    qc.measure(i,i)


# qc.draw(output='mpl')
```

```
backend = Aer.get_backend('qasm_simulator')
shots = 1042
results = execute(qc, backend=backend, shots=shots).result()
answer = results.get_counts()

plot histogram(answer)
```

▼実行結果

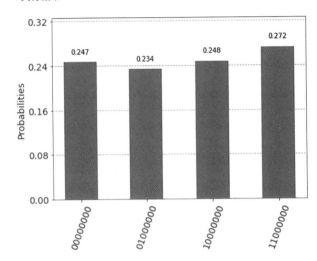

今回の場合は状態 $|1\rangle = \dfrac{1}{2}(|u_0\rangle + |u_1\rangle + |u_2\rangle + |u_3\rangle)$ に対して量子位相推定を

行い、4通りの固有状態の固有値が確率的に測定されました。

量子位相推定は $x = 2^n\theta$ の場合に確率1で $|x\rangle$ が測定されます。よって各測定値に対して推定された θ は以下のとおりです。

▼表4-5　各測定値に対して推定されたθ

測定値x(2進数)	測定値x(10進数)	$\theta = x/2^8$	θ(分数表記)
00000000	0	0.00	0
01000000	64	0.25	1/4
10000000	128	0.50	1/2
11000000	192	0.75	3/4

以上の固有値の測定結果と式（＊＊）より、周期$r = 4$と推定することができます。

これで手順❹において$N = 15, x = 2$に対して$r = 4$と求まりました。

見つかったrは偶数かつ$x^{r/2} + 1 \not\equiv 0 \pmod{N}$を満たしているため、$\gcd(x^{r/2} - 1, N)$を計算し$N = 15$の素因数3を得ることができます。

以上により、素因数分解を実行することができました。

 IBMの英語ブログ　その②

　具体的な手法に関しては言及がされていないので、それぞれどのようなアルゴリズムが対応するのかを、見ていきたいと思います。

●**ターゲティングや予測（QML）**

　ターゲティングや予測は、詐欺の検出や顧客要望へ答えるために、効率的に量子機械学習を使いましょうということになります。今後はデータの扱い方を覚えて、量子機械学習を高度に使いこなす必要があります。現在、QMLは色々なモデルが提案されていますが、まだ実用的には利用できないので、研究的な要素が強そうです。

11 HHLアルゴリズム

一般的な連立一次方程式について、ここでは $n \times n$ 行列 A と n 次のベクトル b を用いた Ax＝b の解法を考えましょう。通常このxは A に逆行列 A^{-1} が存在するとき $\mathbf{x} = A^{-1}\mathbf{b}$ で表せることは容易にわかります。このxを量子コンピュータで解くアルゴリズムを **HHLアルゴリズム** (Harrow-Hassidim-Lloyd) といいます。

1 アルゴリズムの理論

アルゴリズムの手順は以下になります。

❶ $A, |\mathbf{b}\rangle$ を準備する。
❷ e^{iAt} を準備する。
❸ 量子位相推定を行う。
❹ 固有値の逆数を作る。
❺ 補助ビットを観測する。

❶ $A, |\mathbf{b}\rangle$ の準備

行列 A はこのままでは扱えないのでエルミート行列に変換します。A がエルミート行列でない場合は次の A' に A を置き換えます。また A を置き換えた場合は b も次の $\mathbf{b}'$ に置き換えるとします。

$$A' = \begin{pmatrix} O & \bar{A} \\ A & O \end{pmatrix}, \mathbf{b}' = \begin{pmatrix} \mathbf{b} \\ \mathbf{0} \end{pmatrix} \cdots (4.11.1)$$

置き換えた b を正規化したベクトルを $|\mathbf{b}\rangle$ と定義します。これで $A, |\mathbf{b}\rangle$ の準備ができました。以下からは A をエルミート行列とみなして説明します。

A の固有値を $\lambda_0, \lambda_1, \cdots \lambda_{n-1}$、固有ベクトルを $|\mathbf{a}_0\rangle, |\mathbf{a}_1\rangle, \cdots |\mathbf{a}_{n-1}\rangle$ とそれぞれ置きます。このとき固有ベクトルはすべて正規化されているものとします。$|\mathbf{b}\rangle$ はこれらの固有値、固有ベクトルを用いて以下のように表現することができます。

$$|\mathbf{b}\rangle = \sum_{i=0}^{n-1} \beta_i |\mathbf{a}_i\rangle \quad \cdots (4.11.2)$$

ここでエルミート行列の性質からλ_iは実数で、各$|\mathbf{a}_i\rangle$は直交します。（$i \neq j$のとき$\langle \mathbf{a}_i | \mathbf{a}_j \rangle = 0$）。また各$\beta_i$は、$|\mathbf{b}\rangle$を各$|\mathbf{a}_i\rangle$の基底として分解したときの複素係数になります。

❷ e^{iAt}を準備する

Aがエルミート行列のとき、e^{iAt}はユニタリ行列になります。量子ビットゲートはユニタリ行列なのでe^{iAt}を準備する必要があります。具体的な方法は以下で説明します。e^{iAt}の固有値は$e^{i\lambda_0 t}, e^{i\lambda_1 t}, \cdots e^{i\lambda_{n-1}t}$、固有ベクトルは$A$と同じ$|\mathbf{a}_0\rangle, |\mathbf{a}_1\rangle, \cdots |\mathbf{a}_{n-1}\rangle$と表します。

❸ 量子位相推定

ユニタリ演算子e^{iAt}と、その各固有ベクトル$|\mathbf{a}_i\rangle$について、それぞれの固有値$e^{i\lambda_i t}$を量子位相推定で求めます。ここでは量子位相推定をおさらいしながら説明します。

$$|0\rangle^{\otimes n} \otimes |\mathbf{a}_i\rangle \xrightarrow{H^{\otimes n}} \frac{1}{\sqrt{2^n}} \sum_{k=0}^{2^n-1} |k\rangle \otimes |\mathbf{a}_i\rangle \xrightarrow{C-e^{iAt}} \frac{1}{\sqrt{2^n}} \sum_{k=0}^{2^n-1} |k\rangle \otimes \left(e^{iAt}\right)^k |\mathbf{a}_i\rangle$$

$$= \frac{1}{\sqrt{2^n}} \sum_{k=0}^{2^n-1} |k\rangle \otimes e^{i\lambda_i kt} |\mathbf{a}_i\rangle = \frac{1}{\sqrt{2^n}} \sum_{k=0}^{2^n-1} e^{i\lambda_i kt} |k\rangle \otimes |\mathbf{a}_i\rangle$$

最後に逆量子フーリエ変換を施すと、次のようになります。

$$\xrightarrow{QFT^{-1}} \frac{1}{2^n} \sum_{x=0}^{2^n-1} \sum_{k=0}^{2^n-1} e^{-\frac{2\pi i k x}{2^n}} e^{i\lambda_i kt} |x\rangle \otimes |\mathbf{a}_i\rangle$$

$$= \frac{1}{2^n} \sum_{x=0}^{2^n-1} \sum_{k=0}^{2^n-1} e^{-\frac{2\pi i k}{2^n}\left(x - \frac{2^n \lambda_i t}{2\pi}\right)} |x\rangle \otimes |\mathbf{a}_i\rangle$$

$$= \frac{1}{2^n} \sum_{x=0}^{2^n-1} \sum_{k=0}^{2^n-1} e^{-\frac{2\pi i k}{2^n}\left(x - 2^n \lambda_i'\right)} |x\rangle \otimes |\mathbf{a}_i\rangle \quad \cdots (4.11.3)$$

最後の式では $\dfrac{\lambda_i t}{2\pi} = \lambda_i'$ とλ_iを置き直しました。これによって式 (4.11.3) は式 (4.3.5)

と同じ式になりました。ちょうど $2^n \lambda_i' = x$ となる場合、$|x\rangle$ を測定すれば結果 $2^n \lambda_i'$ が

確率1で得られます。これから改めて式 (4.11.3) を $|\lambda_i'\rangle \otimes |\mathbf{a}_i\rangle$ と置き直します。式

(4.11.2)，式 (4.11.3) 式から量子位相推定後は以下のようになります。

$$|0\rangle^{\otimes n} \otimes |\mathbf{b}\rangle \xrightarrow{QPE} \sum_{i=0}^{n-1} |\lambda_i'\rangle \otimes |\mathbf{b}\rangle \cdots (4.11.4)$$

❹固有値の逆数を作る

式 (4.11.4) に1量子ビット加えて $|0\rangle \otimes \sum\limits_{i=0}^{n-1} |\lambda_i'\rangle \otimes |\mathbf{b}\rangle$ を作ります。追加した量子

ビットは補助ビットと呼ぶこととします。

この式の間にある n 量子ビットを制御量子ビット、加えた1量子ビット $|0\rangle$ をターゲット量子ビットとした量子ビットゲート $CRy(\theta)$ を施します。このゲートは制御量子ビットが $|\lambda_i'\rangle$ のときにターゲット量子ビットに $Ry(\theta_i)$ ゲートを施します。ここである定数 C を用いて $\sin\theta_i = \dfrac{C}{\lambda_i'}$ を満たすとします。各 i について、

$$|0\rangle \otimes |\lambda_i'\rangle \otimes |\mathbf{b}\rangle \xrightarrow{(Ry(\theta)-C)\otimes I} (\cos\theta_i |0\rangle + \sin\theta_i |1\rangle) \otimes |\lambda_i'\rangle \otimes |\mathbf{b}\rangle$$

$$= \left(\sqrt{1 - \left(\frac{C}{\lambda_i'}\right)^2} |0\rangle + \frac{C}{\lambda_i'} |1\rangle \right) \otimes |\lambda_i'\rangle \otimes |\mathbf{b}\rangle$$

以上から各 i の和を考えて、

$$|0\rangle \otimes \sum_{i=0}^{n-1} |\lambda_i'\rangle \otimes |\mathbf{b}\rangle$$

$$\xrightarrow{(Ry(\theta)-C)\otimes I} \sum_{i=0}^{n-1} \left\{ \left(\sqrt{1 - \left(\frac{C}{\lambda_i'}\right)^2} |0\rangle + \frac{C}{\lambda_i'} |1\rangle \right) \otimes |\lambda_i'\rangle \right\} \otimes |\mathbf{b}\rangle \cdots (4.11.5)$$

式 (4.11.2) を用いて $|\mathbf{b}\rangle$ を $|\mathbf{a}_i\rangle$ で分解させると

$$\xrightarrow{(4.11.2)} \sum_{i=0}^{n-1} \left(\sqrt{1 - \left(\frac{C}{\lambda_i'}\right)^2} |0\rangle + \frac{C}{\lambda_i'} |1\rangle \right) \otimes |\lambda_i'\rangle \otimes \beta_i |\mathbf{a}_i\rangle \quad \cdots (4.11.5')$$

式 (4.11.5') と式 (4.11.4) から量子位相推定の逆演算を行い、$|\lambda_i'\rangle$ を初期状態にします。

$$\xrightarrow{QPE^{-1}} \sum_{i=0}^{n-1} \left(\sqrt{1 - \left(\frac{C}{\lambda_i'}\right)^2} |0\rangle + \frac{C}{\lambda_i'} |1\rangle \right) \otimes |0\rangle^{\otimes n} \otimes \beta_i |\mathbf{a}_i\rangle$$

$$\cdots (4.11.6)$$

❺補助ビットの観測

最後に観測を行います。式 (4.11.6) から補助ビットを観測した場合に、1 が出力されたとします。このときの量子状態は以下のようになります。

$$\sum_{i=0}^{n-1} \frac{C}{\lambda_i'} \beta_i |\mathbf{a}_i\rangle = C\frac{2\pi}{t} \sum_{i=0}^{n-1} \frac{\beta_i}{\lambda_i} |\mathbf{a}_i\rangle = C\frac{2\pi}{t} A^{-1} |\mathbf{b}\rangle =: C\frac{2\pi}{t} |\mathbf{x}\rangle \quad \cdots (4.11.7)$$

式 (4.11.7) に $\frac{t}{2\pi C}$ をかけてやれば $|\mathbf{x}\rangle := A^{-1} |\mathbf{b}\rangle$ を求めることができます。最後に $|\mathbf{b}\rangle$ の正規化を元に戻せば求めたい $\mathbf{x}$ が得られます。

2 具体例

以下に Qiskit での実装例を記載します。今回は例として以下の問題を考えます。

$$A = \begin{pmatrix} 1 & -\frac{1}{3} \\ -\frac{1}{3} & 1 \end{pmatrix}, \ \mathbf{b} = \begin{pmatrix} 1 \\ 0 \end{pmatrix}, \ \mathbf{x} = A^{-1}\mathbf{b}$$

この $\mathbf{x}$ を求めます。上の手順に沿って説明していきます。

定数 t, C はそれぞれ $t = 2\pi \times \frac{3}{8}, C = \frac{1}{8}$ とします。

まず A, $|\mathbf{b}\rangle$ を準備します。A はエルミート行列なのでこのまま使います。$\mathbf{b}$ に関してもベクトルの大きさが1で正規化されているので、これもそのまま $|\mathbf{b}\rangle = \mathbf{b}$ と表せます。また、A の固有値を λ_0, λ_1 固有ベクトルを $|\mathbf{a}_0\rangle$, $|\mathbf{a}_1\rangle$ とすると、式 (4-11-2) から $|\mathbf{b}\rangle = \beta_0 |\mathbf{a}_0\rangle + \beta_1 |\mathbf{a}_1\rangle$ と表されます。

次に e^{iAt} を準備します。エルミート行列 A は $A = I - \dfrac{1}{3}X$ とパウリ行列の線形和に分解できます。このとき $e^{iAt} = e^{it}Rx\left(-\dfrac{2}{3}t\right)$ と計算できます。また上で述べたように e^{iAt} の固有値は $e^{i\lambda_0 t}$, $e^{i\lambda_1 t}$ となります。

e^{iAt}, $|\mathbf{b}\rangle$ を用いて量子位相推定を行います。今回 A の固有値は $\lambda_0 = \dfrac{2}{3}$, $\lambda_1 = \dfrac{4}{3}$ から $\lambda_0 t = 2\pi \times \left(\dfrac{1}{4}\right)$, $\lambda_1 t = 2\pi \times \left(\dfrac{1}{2}\right)$ となることがわかります。ここで、$\lambda_i' = \dfrac{\lambda_i t}{2\pi}$ と置くと $\lambda_0' = \dfrac{1}{4}$, $\lambda_1' = \dfrac{1}{2}$ となります。$|\mathbf{b}\rangle = \dfrac{1}{\sqrt{2}}(|\mathbf{a}_0\rangle + |\mathbf{a}_1\rangle)$ から $C - e^{iAt}$ ゲートを施して

$$\xrightarrow{C-e^{iAt}} \frac{1}{\sqrt{2^2}} \sum_{j=0}^{3} \frac{1}{\sqrt{2}} e^{2\pi i \lambda_0' j} |j\rangle \otimes |\mathbf{a}_0\rangle + \frac{1}{\sqrt{2^2}} \sum_{j=0}^{3} \frac{1}{\sqrt{2}} e^{2\pi i \lambda_1' j} |j\rangle \otimes |\mathbf{a}_1\rangle$$

これに逆量子フーリエ変換を施して

$$\xrightarrow{QFT^{-1}} \frac{1}{\sqrt{2^2}} \sum_{j=0}^{3} \sum_{k=0}^{3} \frac{1}{\sqrt{2}} e^{-\frac{2\pi ijk}{4}} e^{2\pi i \lambda_0' j} |k\rangle \otimes |\mathbf{a}_0\rangle$$

$$+ \frac{1}{\sqrt{2^2}} \sum_{j=0}^{3} \sum_{k=0}^{3} \frac{1}{\sqrt{2}} e^{-\frac{2\pi ijk}{4}} e^{2\pi i \lambda_1' j} |k\rangle \otimes |\mathbf{a}_1\rangle$$

$$= \frac{1}{\sqrt{2^2}} \sum_{j=0}^{3} \sum_{k=0}^{3} \frac{1}{\sqrt{2}} e^{-\frac{2\pi ij}{4}(k - 4\lambda_0')} |k\rangle \otimes |\mathbf{a}_0\rangle$$

$$+ \frac{1}{\sqrt{2^2}} \sum_{j=0}^{3} \sum_{k=0}^{3} \frac{1}{\sqrt{2}} e^{-\frac{2\pi ij}{4}(k-4\lambda_1')} |k\rangle \otimes |\mathbf{a}_1\rangle$$

上の式からちょうど $4\lambda_i' = k$ となる場合、$|k\rangle$ を測定すれば、結果 $4\lambda_i'$ が確率1で得られます。$|\lambda_i'\rangle$ を用いると以下のようになります。

$$= \frac{1}{\sqrt{2}} |\lambda_0'\rangle \otimes |\mathbf{a}_0\rangle + \frac{1}{\sqrt{2}} |\lambda_1'\rangle \otimes |\mathbf{a}_1\rangle = \frac{1}{\sqrt{2}} |10\rangle \otimes |\mathbf{a}_0\rangle + \frac{1}{\sqrt{2}} |01\rangle \otimes |\mathbf{a}_1\rangle$$

次に固有値の逆数を作用させます。$CRy(\theta)$ ゲートを施すと以下のようになります。

$$|0\rangle \otimes \sum_{i=0}^{3} |\lambda_i'\rangle \otimes |\mathbf{b}\rangle$$

$$\xrightarrow{(Ry(\theta)-C)\otimes I} \sum_{i=0}^{3} \left\{ \left(\sqrt{1-\left(\frac{C}{\lambda_i'}\right)^2} |0\rangle + \frac{C}{\lambda_i'} |1\rangle \right) \otimes |\lambda_i'\rangle \right\} \otimes |\mathbf{b}\rangle$$

$$= \sum_{i=0}^{n-1} \left\{ \left(\sqrt{1-\left(\frac{1}{8\lambda_i'}\right)^2} |0\rangle + \frac{1}{8\lambda_i'} |1\rangle \right) \otimes |\lambda_i'\rangle \right\}$$

これに量子位相推定の逆演算を行うと

$$\xrightarrow{(4-11-5),QPE^{-1}} \sum_{i=0}^{n-1} \left(\sqrt{1-\left(\frac{1}{8\lambda_i'}\right)^2} |0\rangle + \frac{1}{8\lambda_i'} |1\rangle \right) \otimes |0\rangle^{\otimes n} \otimes \frac{1}{\sqrt{2}} |\mathbf{a}_i\rangle$$

最後に観測を行います。補助ビットに1が出力されたとき量子状態は次のようになります。

$$\sum_{i=0}^{3} \frac{1}{8\lambda_i'} \frac{1}{\sqrt{2}} |\mathbf{a}_i\rangle = \frac{2\pi}{8t} \sum_{i=0}^{3} \frac{1}{\sqrt{2}\lambda_i} |\mathbf{a}_i\rangle = \frac{1}{3} A^{-1} |\mathbf{b}\rangle =: \frac{1}{3} |\mathbf{x}\rangle$$

これを標準状態$|0\rangle, |1\rangle$で書き直すと、ある定数p, qが取れて$\frac{1}{3} |\mathbf{x}\rangle = p|0\rangle + q|1\rangle$

とかけます。確率振幅p, qは残りの量子ビットを観測することで得られるので、$|x\rangle = 3p|0\rangle + 3q|1\rangle$と$|x\rangle$を計算できます。

3 量子回路の実装

以上の流れから量子回路を実装してみましょう。

▼図4-11 具体例の量子回路

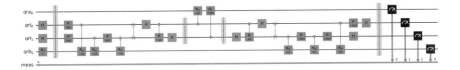

```python
from qiskit import QuantumRegister, ClassicalRegister,
QuantumCircuit, execute, Aer
from qiskit.tools.visualization import plot_histogram
import numpy as np

# ビット数、tの値
nb, nl, theta = 1, 2, 0
t = 2*np.pi*3/8

# 量子ビットの準備
qrb = QuantumRegister(nb, name='qrb')
qrl = QuantumRegister(nl, name='qrl')
qra = QuantumRegister(1, name='qra')

# 量子回路
qc = QuantumCircuit(qra, qrl, qrb)
```

```python
# bの状態を作成
qc.ry(2*theta, qrb[0])

# 量子位相推定
for qu in qrl:
    qc.h(qu)

qc.barrier()
qc.p(t, qrl[0])
qc.crx(-2/3*t, qrl[0], qrb[0])
qc.p(t, qrl[1])
qc.crx(-2/3*t, qrl[1], qrb[0])
qc.p(t, qrl[1])
qc.crx(-2/3*t, qrl[1], qrb[0])

# 逆量子フーリエ変換
qc.swap(qrl[0], qrl[1])
qc.h(qrl[0])
qc.cp(-np.pi/2,qrl[0], qrl[1])
qc.h(qrl[1])

# 固有値の逆数の回転
c = 1/3
t1 = 2*np.arcsin(1/2)
t2 = 2*np.arcsin(1/4)

qc.barrier(qrl)
qc.cry(t1, qrl[0], qra[0])
qc.cry(t2, qrl[1], qra[0])
qc.barrier(qrl)

# 量子フーリエ変換
qc.h(qrl[1])
qc.cp(np.pi/2, qrl[0], qrl[1])
qc.h(qrl[0])
qc.swap(qrl[0], qrl[1])

qc.crx(2/3*t, qrl[1], qrb[0])
qc.p(-t, qrl[1])
qc.crx(2/3*t, qrl[1], qrb[0])
qc.p(-t, qrl[1])
qc.crx(2/3*t, qrl[0], qrb[0])
qc.p(-t, qrl[0])

for qu in qrl:
    qc.h(qu)
```

```
qc.measure_all()

backend = Aer.get_backend('qasm_simulator')
shots = 1000
results = execute(qc, backend=backend, shots=shots).result()
answer = results.get_counts()
print(answer)
qc.draw(output='mpl', fold=100)
```

結果は以下のようになります。

▼実行結果

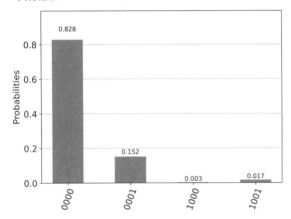

この結果より $p = \sqrt{0.152}, q = \sqrt{0.017}$ とわかります。

よって $\dfrac{1}{3}|\mathbf{x}\rangle = \left(\sqrt{0.152}\,|0\rangle + \sqrt{0.017}\,|1\rangle\right)$ から両辺3倍すると、$|\mathbf{x}\rangle$ が得られます。

$$|\mathbf{x}\rangle = 3\sqrt{0.152}\,|0\rangle + 3\sqrt{0.017}\,|1\rangle = 1.16\,|0\rangle + 0.39\,|1\rangle$$

今回 $|\mathbf{b}\rangle = \mathbf{b}$ より正規化されているので $\mathbf{x} = |\mathbf{x}\rangle$ となり、解がうまく求められました。

12 グローバーのアルゴリズム

　未整序のデータが含まれているデータベースに対し、検索をかけて必要なデータを1つとり出すことを考えます。通常は必要なデータと合致するまで各データを1つずつ確認する操作を行います。**グローバーアルゴリズム**はこの検索回数を減らすことができます。

1　アルゴリズムの理論

　このアルゴリズムが解く問題は、入力変数 $\{x_0, \dots x_{n-1}\}$ $(x_i \in \{0, 1\})$ を持つ関数 $f(\{x_0, \dots x_{n-1}\})$ を与えたときに $f(\{x_0, \dots x_{n-1}\}) = 1$ となる $\{x_0, \dots x_{n-1}\}$ を見つけるというものです。ただし f について、この条件を満たす $\{x_0, \dots x_{n-1}\}$ はただ1つしか存在しないものとします。

　この問題を量子計算を用いてどのように解くのか、まずは数式で確認してみましょう。

　検索したい値を ω とします。まず初期状態として $|0\rangle^{\otimes n}$ を用意します。

　次にすべての量子ビットにアダマールゲートをかけ重ね合わせ状態を作ります。

$$|s\rangle = H^{\otimes n} |0\rangle^{\otimes n} = \frac{1}{\sqrt{2^n}} \sum_{x=0}^{2^n-1} |x\rangle \quad \cdots (4.12.1)$$

x には 0 から $2^n - 1$ までの整数が入ります。このとき $|\omega\rangle$ を測定する確率は $\frac{1}{2^n}$ となります。

　ここで以下のように $|\omega\rangle$ のみにマイナスを返すようなゲート U_f を考えます。

$$U_f : \begin{cases} U_f |x\rangle = |x\rangle & (x \neq \omega) \\ U_f |\omega\rangle = - |\omega\rangle \end{cases} \quad \cdots (4.12.2)$$

このfがωを検索するオラクルです。

$$U_f \ket{s} = \frac{1}{\sqrt{2^n}} \sum_{x=0, x \neq \omega}^{2^n - 1} U_f \ket{x} + \frac{1}{\sqrt{2^n}} U_f \ket{\omega} = \frac{1}{\sqrt{2^n}} \sum_{x=0, x \neq \omega}^{2^n - 1} \ket{x} - \frac{1}{\sqrt{2^n}} \ket{\omega}$$

$$= \ket{s} - \frac{2}{\sqrt{2^n}} \ket{\omega} \quad \cdots (4.12.3)$$

式 (4.12.3) の途中で $x = \omega$ とそうでない項に分けて計算しています。

最後にゲート $U_s = -H^{\otimes n} X^{\otimes n} C^{n-1} Z X^{\otimes n} H^{\otimes n}$ をかけます。これは式変形すると $U_s = 2 \ket{s}\bra{s} - I$ と表すことができます。

$$U_s : \begin{cases} U_s \ket{x} = 2 \braket{s|x} \ket{s} - \ket{x} = \frac{2}{\sqrt{2^n}} \ket{s} - \ket{x} \\ U_s \ket{s} = 2 \braket{s|s} \ket{s} - \ket{s} = \ket{s} \end{cases} \quad \cdots (4.12.4)$$

このゲートを式 (4.12.3) にかけると、

$$\xrightarrow{U_s} U_s \ket{s} - \frac{2}{\sqrt{2^n}} U_s \ket{\omega} = \ket{s} - \frac{4}{2^n} \ket{s} + \frac{2}{\sqrt{2^n}} \ket{\omega} = \frac{2^n - 4}{2^n} \ket{s} + \frac{2}{\sqrt{2^n}} \ket{\omega}$$

$$= \frac{2^n - 4}{2^n \sqrt{2^n}} \sum_{x=0, x \neq \omega}^{2^n - 1} \ket{x} + \left(\frac{2^n - 4}{2^n \sqrt{2^n}} + \frac{2}{\sqrt{2^n}} \right) \ket{\omega}$$

$$= \frac{2^n - 4}{2^n \sqrt{2^n}} \sum_{x=0, x \neq \omega}^{2^n - 1} \ket{x} + \frac{3 \cdot 2^n - 4}{2^n \sqrt{2^n}} \ket{\omega} \quad \cdots (4.12.5)$$

最後に $\ket{\omega}$ を測定する確率を考えます。

$$\mathrm{Prob}(\ket{\omega}) = \left| \frac{3 \cdot 2^n - 4}{2^n \sqrt{2^n}} \right|^2 = \left(3 - \frac{4}{2^n} \right)^2 \frac{1}{2^n} \quad \cdots (4.12.6)$$

式 (4.12.1) の状態では $\ket{\omega}$ を測定する確率が $\frac{1}{2^n}$ であったのに対して、式 (4.12.6) では

確率が約9倍上昇していることがわかります。このように確率を増幅させる操作のことを**振幅増幅**と呼び、グローバーのアルゴリズムは、この振幅増幅を複数回行うことで$|\omega\rangle$を測定する確率を1に近づけていきます。

なぜこのような操作で確率が上昇するのか図4-12を用いて説明します。

まずは$|\omega\rangle$に直交するベクトル$|\omega^\perp\rangle$を用いた平面を考えます。式 (4.12.1) の$|s\rangle$がこの平面上でどのように動くのかを見ていきます。

▼図4-12グローバーアルゴリズム

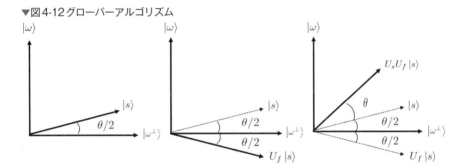

上の図では平面内のベクトルが$|\omega\rangle$に近づくにつれて$|\omega\rangle$を測定する確率が上昇することがわかります。

まず$|s\rangle$にU_fをかけることによって$|\omega^\perp\rangle$を軸に反転させます。

次にU_sをかけることによって今度は$|s\rangle$を軸に$U_f|s\rangle$を反転させていることがわかります。このU_f, U_sの操作で$|\omega\rangle$の確率振幅を大きくしていることが図からわかります。

最後に振幅増幅の適切な回数を考えます。初期状態$|s\rangle$を標準基底$|\omega\rangle$と$|\omega^\perp\rangle$で分けて表現します。このとき、確率の合計は1になるのでそれぞれの係数を$\cos, \sin$を使って以下のように表すことができます。

$$|s\rangle = \cos\left(\frac{\theta}{2}\right)|\omega^\perp\rangle + \sin\left(\frac{\theta}{2}\right)|\omega\rangle$$

このθは図4-12のθと同じ意味です。詳しく計算はしませんが、これにグローバーのアルゴリズムを1回施すと次のようになります。

$$U_s U_f \left| s \right\rangle = \cos\left(\frac{3}{2}\theta\right) \left| \omega^\perp \right\rangle + \sin\left(\frac{3}{2}\theta\right) \left| \omega \right\rangle$$

よって j 回施すと以下のようになります。

$$(U_s U_f)^j \left| s \right\rangle = \cos\left(\frac{2j+1}{2}\theta\right) \left| \omega^\perp \right\rangle + \sin\left(\frac{2j+1}{2}\theta\right) \left| \omega \right\rangle$$

最終的に $\left| \omega \right\rangle$ の確率振幅を1にしたいので

$$\sin\frac{2j+1}{2}\theta = 1 \;\blacktriangleright\; \frac{2j+1}{2}\theta = \frac{\pi}{2} \;\blacktriangleright\; j = \frac{\pi}{2\theta} - \frac{1}{2}$$ 回ほど施せば良いことが

わかります。

2 具体例

今回は2量子ビットで"11"をグローバーのアルゴリズムで取り出そうと思います。まず始めに U_ω によって欲しい状態の振幅の符号を反転させます。今回は CZ ゲートを施せば $\left| 11 \right\rangle$ のみ符号が反転するので、$U_f = CZ$ となります。

$$H \left| 0 \right\rangle \otimes H \left| 0 \right\rangle \xrightarrow{CZ} \frac{1}{2}(\left| 00 \right\rangle + \left| 01 \right\rangle + \left| 10 \right\rangle - \left| 11 \right\rangle)$$

次に U_s を考えますが、マイナスの部分は確率に影響しないので無視することができます。

今回2量子ビットなので、定義から以下のように書けます。

$$U_s = (H \otimes H)(X \otimes X)CZ(X \otimes X)(H \otimes H)$$

以上の流れを踏まえると、量子回路は以下のようになります。

▼図4-13　具体例の量子回路

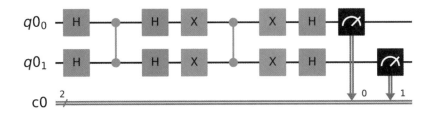

```
import matplotlib.pyplot as plt
%matplotlib inline
import numpy as np
import math

# Qiskitから必要なモジュールをインポート
from qiskit import QuantumCircuit, QuantumRegister, execute, Aer
from qiskit.tools.visualization import plot_histogram

q = QuantumRegister(2)
circuit = QuantumCircuit(q)

circuit.h([0,1])
circuit.cz(0,1)
circuit.h([0,1])
circuit.x([0,1])
circuit.cz(0,1)
circuit.x([0,1])
circuit.h([0,1])

circuit.measure_all()

backend = Aer.get_backend('qasm_simulator')
shots = 1000
results = execute(circuit, backend=backend, shots=shots).result()
answer = results.get_counts()
print(answer) # 結果を出力する
circuit.draw(output='mpl')
```

▼実行結果

```
{'11': 1000}
```

```
# グラフを出力する
plot_histogram(answer)
```

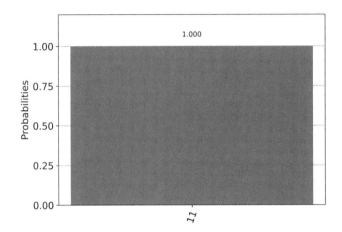

期待どおり "11" が得られました。

4

Qiskitを使った汎用量子計算

13 量子振幅増幅

グローバーのアルゴリズムでは検索をかけるデータ $\omega \in \{0, 1, \cdots, 2^n - 1\}$ に対して、$|\omega\rangle$ の確率振幅を増加させることでデータを得ることができました。このアルゴリズムの一般化として任意の量子ビット $|\omega\rangle$ の振幅を増幅させてみましょう。

1 アルゴリズムの導入

グローバーのアルゴリズムでは確率振幅を増加させる手順として式 (4.12.1) から初期状態にアダマールゲートをかけた状態

$$|s\rangle = H^{\otimes n} |0\rangle^{\otimes n} = \frac{1}{\sqrt{2^n}} \sum_{x=0}^{2^n-1} |x\rangle$$

を作りました。

このアルゴリズムの一般化としてある操作 $\mathcal{A}$ をかけた状態 $\mathcal{A} |0\rangle^{\otimes n}$ から量子ビット $|\omega\rangle$ を振幅増幅させ最終的に ω を取り出すことを考えます。$|\omega\rangle$ の係数を $\sqrt{a}$ として考えますが、本節では $|\omega\rangle$ の確率振幅を増加させる方法、"量子振幅増幅"(Amplitude Amplification) を説明し、次節14では $|\omega\rangle$ を観測する確率 a を取得する方法、"量子振幅推定"(Amplitude Estimation) を説明していきます。

2 アルゴリズムの理論

まずは数式で説明していきます。変数はグローバーのアルゴリズムと同じものを使います。検索したい値 ω とします。まず初期状態として $|0\rangle^{\otimes n}$ を用意します。これにある操作 $\mathcal{A}$ がかけられているとします。

$$\mathcal{A} |0\rangle = |\Omega\rangle = \sqrt{1-a} |\omega^\perp\rangle + \sqrt{a} |\omega\rangle \cdots (4.13.1)$$

$|\omega\rangle$ を測定する確率は a となります。

ここで以下のように $|\omega\rangle$ のみにマイナスを返すようなゲート $\mathcal{U}_{\omega^\perp}$ を考えます。

$$\mathcal{U}_{\omega^\perp} : \begin{cases} \mathcal{U}_{\omega^\perp} |\omega\rangle = -|\omega\rangle \\ \mathcal{U}_{\omega^\perp} |\omega^\perp\rangle = |\omega^\perp\rangle \end{cases} \cdots (4.13.2)$$

この $\mathcal{U}_{\omega^\perp}$ は以下のようにも表せます。

$$\mathcal{U}_{\omega^\perp} = 2 |\omega^\perp\rangle \langle \omega^\perp| - I_n \cdots (4.13.3)$$

$$\mathcal{U}_{\omega^\perp} |\Omega\rangle = \sqrt{1-a}(\mathcal{U}_{\omega^\perp} |\omega^\perp\rangle) + \sqrt{a}(\mathcal{U}_{\omega^\perp} |\omega\rangle) = \sqrt{1-a} |\omega^\perp\rangle - \sqrt{a} |\omega\rangle$$
$$\cdots (4.13.4)$$

次に $\mathcal{U}_{\omega^\perp} |\Omega\rangle$ を $|\Omega\rangle$ で反転させるゲート $\mathcal{U}_\Omega$ を考えます。$\mathcal{U}_\Omega$ は以下のように表せます。

$$\mathcal{U}_\Omega = 2 |\Omega\rangle \langle \Omega| - I_n \cdots (4.13.5)$$

$$\mathcal{U}_\Omega = -\mathcal{A}(I_{n+1} - 2 |0\rangle_{n+1} \langle 0|_{n+1})\mathcal{A}^\dagger \cdots (4.13.5')$$

$$\mathcal{U}_\Omega : \begin{cases} \mathcal{U}_\Omega |\omega\rangle = 2\sqrt{a} |\Omega\rangle - |\omega\rangle \\ \mathcal{U}_\Omega |\omega^\perp\rangle = 2\sqrt{1-a} |\Omega\rangle - |\omega^\perp\rangle \end{cases} \cdots (4.13.6)$$

このゲートを式 (4.13.4) にかけると、

$$\xrightarrow{\mathcal{U}_\Omega} (1-4a)\sqrt{1-a} |\omega^\perp\rangle + (3-4a)\sqrt{a} |\omega\rangle$$

最後に $|\omega\rangle$ を測定する確率を考えます。

$$\mathrm{Prob}(|\omega\rangle) = \left| (3-4a)\sqrt{a} \right|^2 = (3-4a)^2 a \cdots (4.13.7)$$

式 (4.13.7) の状態では $|\omega\rangle$ を測定する確率が a であったのに対して、式 (4.13.1) では確率が最大で9倍上昇し振幅増幅されることがわかります。グローバーのアルゴリズムと同様に振幅増幅を複数回行うことで $|\omega\rangle$ を測定する確率を1に近づけることができます。

グローバーのアルゴリズムと同じように、ここでも図を載せておきます。

▼図4-14　一般的な振幅増幅

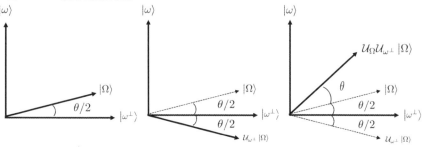

最後にグローバーのアルゴリズムと同様に振幅増幅の適切な回数を考えます。$|\Omega\rangle$ を $\cos, \sin$ を使って以下のように表すことができます。

$$|\Omega\rangle = \cos\left(\frac{\theta}{2}\right)|\omega^{\perp}\rangle + \sin\left(\frac{\theta}{2}\right)|\omega\rangle \quad \cdots (4.13.9)$$

ここで式 (4.13.1) より $\cos\left(\dfrac{\theta}{2}\right) = \sqrt{1-a}, \sin\left(\dfrac{\theta}{2}\right) = \sqrt{a}$ だとわかります。

振幅増幅させる行列は $\mathcal{Q} := \mathcal{U}_{\Omega}\mathcal{U}_{\omega^{\perp}}$ とします。最終的に

$$\mathcal{Q}^{j}|\Omega\rangle = \cos\left(\frac{2j+1}{2}\theta\right)|\omega^{\perp}\rangle + \sin\left(\frac{2j+1}{2}\theta\right)|\omega\rangle \quad \cdots (4.13.10)$$

となるので、$|\omega\rangle$ の確率振幅を1にするためには

$$\sin\left(\frac{2j+1}{2}\theta\right) = 1 \;\blacktriangleright\; j = \frac{\pi}{4\arcsin\sqrt{a}} - \frac{1}{2}$$ 回 $\mathcal{Q}$ を施せばいいことが

わかります。

今回は2量子ビットで考えます。天下りではありますが、初期状態$|0\rangle^{\otimes 2}$に対して$\mathcal{A}$を以下のようにします。

$$
\mathcal{A}|0\rangle^{\otimes 2} = CX\left(H|0\rangle \otimes Ry\left(\frac{2}{3}\pi\right)|0\rangle\right)
$$
$$
= \frac{\sqrt{3}}{2\sqrt{2}}(|01\rangle + |10\rangle) + \frac{1}{2\sqrt{2}}(|00\rangle + |11\rangle) = \frac{\sqrt{3}}{2}\left|\Psi^+\right\rangle + \frac{1}{2}\left|\Phi^+\right\rangle
$$
$$\cdots (4.13.11)$$

ここで$\left|\Psi^+\right\rangle, \left|\Phi^+\right\rangle$はBell状態（2.4節参照）です。この式から$\left|\Phi^+\right\rangle$を振幅増幅させてみます。まずは$\mathcal{U}_{\omega^\perp}$について、$\left|\Phi^+\right\rangle$のみをマイナスに返すゲートを考えます。

$$
\mathcal{U}_{\omega^\perp} = (I \otimes X)(Z \otimes Z)(I \otimes X),
$$
$$
\mathcal{U}_{\omega^\perp}\left|\Psi^+\right\rangle = \left|\Psi^+\right\rangle,
$$
$$
\mathcal{U}_{\omega^\perp}\left|\Phi^+\right\rangle = -\left|\Phi^+\right\rangle \quad \cdots (4.13.12)
$$

次に、式(4.13.5')から$\mathcal{U}_\Omega$は

$$
\mathcal{U}_\Omega = -\mathcal{A}(I_2 - 2|0\rangle_2 \langle 0|_2)\mathcal{A}^\dagger = -\mathcal{A}(X \otimes X)CZ(X \otimes X)\mathcal{A}^\dagger
$$

と表せます。マイナスの部分は確率に影響しないので無視することとします。

最後に$\mathcal{Q}$の回数jを考えます。$\left|\Phi^+\right\rangle$の係数から

$$
\sin\left(\frac{\theta}{2}\right) = \frac{1}{2} より \theta = \frac{\pi}{3}
$$

となります。よって$j=1$、すなわち$\mathcal{Q}$を1回施せばいいことがわかります。

4 量子回路の実装

以上の流れから回路を作成します。最終的に$|\Phi^+\rangle$の振幅が大きくなるので、$|00\rangle$と$|11\rangle$の確率のみ取り出され、それぞれの値が約0.5となるはずです。

▼図4-15　具体例の量子回路

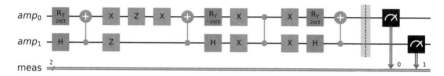

```python
from qiskit import QuantumRegister, ClassicalRegister,
QuantumCircuit, execute, Aer
from qiskit.tools.visualization import plot_histogram
import numpy as np

qr_amp = QuantumRegister(2, name='amp')
circuit = QuantumCircuit(qr_amp)

# 初期状態 A
circuit.ry(2*np.pi/3, 0)
circuit.h(1)
circuit.cx(1,0)

# 振幅増幅
# U_Ψ_0
circuit.x(0)
circuit.z([0,1])
circuit.x(0)

# U_Ψ
circuit.cx(1,0)
circuit.h(1)
circuit.ry(-2*np.pi/3, 0)

circuit.x([0,1])
circuit.cz(0,1)
circuit.x([0,1])

circuit.ry(2*np.pi/3, 0)
circuit.h(1)
circuit.cx(1,0)
```

```
circuit.measure_all()

backend = Aer.get_backend('qasm_simulator')
shots = 1000
results = execute(circuit, backend=backend, shots=shots).result()
answer = results.get_counts()
print(answer)
circuit.draw(output='mpl')
```

▼実行結果

```
{'00': 477, '11': 523}
```

```
# グラフを出力する
plot_histogram(answer)
```

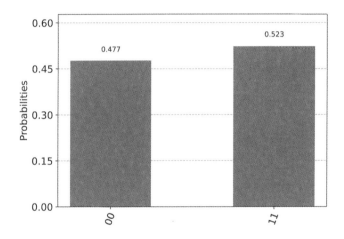

よって、$|\Phi^+\rangle$の振幅のみ大きくすることができました。

CHAPTER4

14 量子振幅推定

　量子振幅増幅では$|\Omega\rangle$を$|\omega\rangle$と$|\omega^{\perp}\rangle$で表現した場合にαがわかっていたので$\mathcal{Q}$の回数を求めることができました。この節ではαを量子コンピュータで求めようと思います。このように確率振幅を求めるアルゴリズムを**量子振幅推定**（Quantum Amplitude Estimation）といいます。

1 アルゴリズムの理論

　初期状態として量子振幅増幅のものと同じものを使います。ですので記号もここでは同じものを使うこととします。式 (4.13.9) より$|\Omega\rangle$は以下のように書けました。

$$|\Omega\rangle = \cos\theta \, |\omega^{\perp}\rangle + \sin\theta \, |\omega\rangle, \ \left(\sin\theta = \sqrt{a}, \cos\theta = \sqrt{1-a}\right) \ \cdots (4.14.1)$$

　ここで$\dfrac{\theta}{2}$をθに改めて置き直しています。aをθで書き直しました。以下からはθを求めることを考えます。

　まずはこれに$\mathcal{Q}$をj回施した状態の式 (4.13.10) を考えます。

$$\mathcal{Q}^{j} |\Omega\rangle = \cos\{(2j+1)\theta\} \, |\omega^{\perp}\rangle + \sin\{(2j+1)\theta\} \, |\omega\rangle \ \cdots (4.14.2)$$

　$\mathcal{Q}$の固有値をλ、固有ベクトルを$|\Omega_{\pm}\rangle$とすると

$$\lambda = e^{\pm 2i\theta} \ , \ |\Omega_{\pm}\rangle = \frac{1}{\sqrt{2}}(|\omega^{\perp}\rangle \mp i \, |\omega\rangle)$$

　よって$|\Omega_{\pm}\rangle$に$\mathcal{Q}$を施した場合、$\mathcal{Q}|\Omega_{\pm}\rangle = e^{\pm 2i\theta} |\Omega_{\pm}\rangle$となることがわかります。

これらを用いて改めて$|\Omega\rangle$を書き直すと

$$|\Omega\rangle = \frac{1}{\sqrt{2}}\left(e^{i\theta}|\Omega_+\rangle + e^{-i\theta}|\Omega_-\rangle\right) \ \cdots (4.14.3)$$

θを指数関数で表すことができました。次にθを写し出すビットが必要なので、それを付け足し$|\Omega\rangle \to |0\rangle^{\otimes m}|\Omega\rangle$とします。今回は$m$ビット付け加えるとします。この付け足した$m$量子ビットに一様にアダマールゲートを施します。

$$\xrightarrow{H^{\otimes m}} |+\rangle^{\otimes m}|\Omega\rangle = \frac{1}{\sqrt{M}}\sum_{x=0}^{M-1}|x\rangle\frac{1}{\sqrt{2}}\left(e^{i\theta}|\Omega_+\rangle + e^{-i\theta}|\Omega_-\rangle\right) \ \cdots (4.14.4)$$

ここで$2^m = M$としています。次に$|+\rangle^{\otimes m}|\Omega\rangle$に制御ユニタリゲート$C\mathcal{Q}$を施します。

$$\xrightarrow{C\mathcal{Q}} \frac{e^{i\theta}}{\sqrt{2M}}\sum_{x=0}^{M-1}e^{2ix\theta}|x\rangle|\Omega_+\rangle + \frac{e^{i\theta}}{\sqrt{2M}}\sum_{x=0}^{M-1}e^{-2ix\theta}|x\rangle|\Omega_-\rangle \ \cdots (4.14.5)$$

最後に付け足したm量子ビットに逆量子フーリエ変換F_m^{-1}を行います。その前に$|S_M(x)\rangle$を新しく定義しておきます。

$$|S_M(x)\rangle := \frac{1}{\sqrt{M}}\sum_{y=0}^{M-1}e^{2\pi ixy}|y\rangle \ , \ |S_M(x)\rangle = |S_M(k+x)\rangle \ , \ (k \in \mathbb{Z})$$
$$\cdots (4.14.6)$$

これからxが整数の場合、以下が容易に成り立ちます。

$$F_m^{-1}\left|S_M\left(\frac{x}{M}\right)\right\rangle = |x\rangle \ \cdots (4.14.7)$$

よって逆量子フーリエ変換を行うと

$$\frac{e^{i\theta}}{\sqrt{2}}F_m^{-1}\left|S_M\left(\frac{\theta}{\pi}\right)\right\rangle|\Omega_+\rangle + \frac{e^{-i\theta}}{\sqrt{2}}F_m^{-1}\left|S_M\left(1-\frac{\theta}{\pi}\right)\right\rangle|\Omega_-\rangle \ \cdots (4.14.8)$$

ここで付け加えた m ビットを観測すると

$$F_m^{-1} \left| S_M \left(\frac{\theta}{\pi} \right) \right\rangle \approx \left| \frac{M}{\pi} \theta \right\rangle \ , \ F_m^{-1} \left| S_M \left(1 - \frac{\theta}{\pi} \right) \right\rangle \approx \left| M \left(1 - \frac{\theta}{\pi} \right) \right\rangle$$

$$\cdots (4.14.9)$$

を観測する確率がもっとも大きくなることが、この式からわかります。この観測値 x から

$$x \approx \frac{M}{\pi} \theta \ , \ M \left(1 - \frac{\theta}{\pi} \right) \ \blacktriangleright \ \theta \approx \frac{\pi}{M} x \ , \ \pi \left(1 - \frac{x}{M} \right) \cdots (4.14.10)$$

と θ を取り出すことができ、どちらの値をとっても $\sin \theta$ の性質から

$$a = \sin^2 \theta \approx \sin^2 \left(\frac{\pi}{M} x \right) = \sin^2 \left(\pi \left(1 - \frac{x}{M} \right) \right) \ \cdots (4.14.11)$$

a を近似的に求めることができました。

2 具体例

4章13節の振幅増幅を例にとって、今度は $\left| \Phi^+ \right\rangle$ が観測される確率を求めてみましょう。

$$\mathcal{A} \left| 0 \right\rangle^{\otimes 2} = CX \left(H \left| 0 \right\rangle \otimes Ry \left(\frac{2}{3} \pi \right) \left| 0 \right\rangle \right)$$

$$= \frac{\sqrt{3}}{2\sqrt{2}} (\left| 01 \right\rangle + \left| 10 \right\rangle) + \frac{1}{2\sqrt{2}} (\left| 00 \right\rangle + \left| 11 \right\rangle) = \frac{\sqrt{3}}{2} \left| \Psi^+ \right\rangle + \frac{1}{2} \left| \Phi^+ \right\rangle$$

このとき求めたい確率は $a = \frac{1}{4}$ となります。式 (4.13.5')、式 (4.13.12) で $\mathcal{U}_{\omega^{\perp}}, \mathcal{U}_{\Omega}$ は求めているので、それぞれ次のようになります。

$$\mathcal{U}_{\omega^{\perp}} = (I \otimes X)(Z \otimes Z)(I \otimes X)$$

$$\mathcal{U}_{\Omega} = -\mathcal{A}(X \otimes X)CZ(X \otimes X)\mathcal{A}^{\dagger}$$

また$Q := \mathcal{U}_{\Omega}\mathcal{U}_{\omega^{\perp}}$と定義しておきます。今回は$m = 2$としておきます。

3　量子回路の実装

▼図4-16　具体例の量子回路

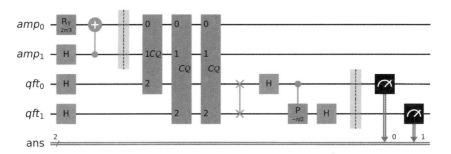

```
from qiskit import QuantumRegister, ClassicalRegister,
QuantumCircuit, execute, Aer
from qiskit.tools.visualization import plot_histogram
import numpy as np

qr_amp = QuantumRegister(2, name='amp')
qr_qft = QuantumRegister(2, name='qft')
c_ans = ClassicalRegister(2, name='ans')
circuit = QuantumCircuit(qr_amp, qr_qft, c_ans)

# cQ
def cq(circuit, amp, c):
    qr_cq = QuantumRegister(3)
    circuit_cq = QuantumCircuit(qr_cq, name='$C\mathcal{Q}$')

    # Uψ_0
    circuit_cq.cx(2, 0)
    circuit_cq.cz(2, 0)
```

```
        circuit_cq.cz(2, 1)
        circuit_cq.cx(2, 0)

        # Uψ
        circuit_cq.ccx(2, 1, 0)
        circuit_cq.ch(2, 1)
        circuit_cq.cry(-2*np.pi/3, 2, 0)

        circuit_cq.cx(2, 0)
        circuit_cq.cx(2, 1)

        circuit_cq.h(1)
        circuit_cq.ccx(2, 0, 1)
        circuit_cq.h(1)

        circuit_cq.cx(2, 1)
        circuit_cq.cx(2, 0)

        circuit_cq.cry(2*np.pi/3, 2, 0)
        circuit_cq.ch(2, 1)
        circuit_cq.ccx(2, 1, 0)

        sub_inst = circuit_cq.to_instruction()
        circuit.append(sub_inst, [amp[0], amp[1], c])

# 初期状態 A
circuit.ry(2*np.pi/3, 0)
circuit.h(1)
circuit.cx(1, 0)

circuit.barrier(qr_amp)

# 初期化
circuit.h(qr_qft)

# 振幅増幅
cq(circuit, qr_amp, qr_qft[0])

for i in range(2):
    cq(circuit, qr_amp, qr_qft[1])

# 逆量子フーリエ変換
circuit.swap(qr_qft[0], qr_qft[1])
circuit.h(qr_qft[0])
circuit.cp(-np.pi/2, qr_qft[0], qr_qft[1])
circuit.h(qr_qft[1])
```

```
circuit.barrier(qr_qft)

circuit.measure(qr_qft, c_ans)

backend = Aer.get_backend('qasm_simulator')
shots = 1000
results = execute(circuit, backend=backend, shots=shots).result()
answer = results.get_counts()
print(answer)
circuit.draw(output='mpl')
```

▼実行結果

```
{'00': 65, '01': 345, '10': 211, '11': 379}
```

```
# グラフを出力する
plot_histogram(answer)
```

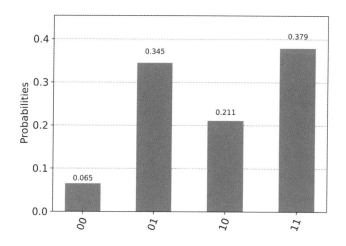

よって確率振幅が大きい値をxとすると$x = 1, 3$とわかります。$x = 1$の場合、

$$1 = \frac{4\theta}{\pi} \ \blacktriangleright \ \theta = \frac{1}{4}\pi \ \text{より} \ a \approx \sin^2\left(\frac{1}{4}\pi\right) = \frac{1}{2}$$

またⅹ = 3の場合、

$$3 = \frac{4\theta}{\pi} \ \blacktriangleright \ \theta = \frac{3}{4}\pi \ \text{より}$$

$$a \approx \sin^2\left(\frac{3}{4}\pi\right) = \frac{1}{2} \ \text{となり}$$

$x = 1$の場合と同じ値になることが確認できます。

$x = 0, 2$の場合では$a = 0, 1$となることから、今回のビット数では$|\Phi^+\rangle$が観測される確率aを近似できていることがわかります。

mの数を大きくすれば、より細かい近似を与えることができます。

IBMの英語ブログ　その③

具体的な手法に関しては言及がされていないので、それぞれどのようなアルゴリズムが対応するのかを、見ていきたいと思います。

●取引最適化（QAOA/QAA）

複雑化される取引が最適なパスでない場合には無駄がでます。それらを最適化することで金融機関は利益を増やすことができます。また、資産が様々な要因で組み直しをする必要がある場合には、組合せ最適化問題と呼ばれる類のものに関して、QAOAやQAAのアルゴリズムが利用できます。ポートフォリオ最適問題は有名なので、量子コンピュータでもたびたびトライされています。

●リスク計算などモンテカルロシミュレーション（QAE/QAA）

リスク計算やデリバティブ計算はQAEが利用できます。既存のモンテカルロを効率化する手段としてQAEが提案されています。計算量が明確に減るという予想のもとに、シミュレーション手段として有望視されています。

15 量子数値積分

数値積分は金融や物理、化学など幅広い分野で応用例があります。**量子数値積分**は量子振幅推定を用いて、この積分値を近似的に求めるアルゴリズムです。これまでの数値積分としてモンテカルロ法が用いられていましたが、量子コンピュータを用いることで通常の2乗の速度向上が見込まれています。

1 実数空間上の積分

d次元の実数空間$\mathbb{R}^d$上の関数を$g(x) := g(x_0, x_1, \cdots, x_{d-1})$とします。$\mathbb{R}^d$の部分集合$D \subset \mathbb{R}^d$での$g$の積分は以下のように表すことができます。

$$\int_{D \subset \mathbb{R}^d} g(x)dx \ , \ g : D \subset \mathbb{R}^d \ \Rightarrow \ \mathbb{R} \ \cdots (4.15.1)$$

この値を近似的に求めることを考えます。

2 アルゴリズムの理論

●スケーリング

上の積分を定数倍すること（**スケーリング**）で積分区間を$[0,1]^d$に抑えることができます。

$$([0,1]^d = [0,1] \times \cdots \times [0,1], x \in [0,1] \ \Rightarrow \ 0 \leq x \leq 1)$$

$$K \int_{D \subset \mathbb{R}^d} g(x)dx = \int_{[0,1]^d} \tilde{g}(x)dx \ \cdots (4.15.2)$$

Kは定数となります。このときの被積分関数は$\tilde{g}(x)$としています。

積分値はいくらでも小さくできるので、

$$0 \le \int_{[0,1]^d} \tilde{g}(x)dx \le 1$$

としておきます。この $\tilde{g}(x)$ をさらに以下のような関数 ρ, h で置き直します。

$$\rho, h : [0,1]^d \rightarrow [0,1] \ , \ \int_{[0,1]^d} \rho(x)dx = 1 \ \cdots (4.15.3)$$

$$\int_{[0,1]^d} \tilde{g}(x)dx \stackrel{(4.15.3)}{=} \int_{[0,1]^d} \rho(x)h(x)dx \ \cdots (4.15.4)$$

$[0,1]^d$ を 2nd 個矩形分割すると、式 (4.15.4) から、以下のような関数 p, f を用いて近似値 $S(f)$ を定義できます。

$$\int_{[0,1]^d} \rho(x)h(x)dx \approx S(f) = \sum_{x \in J^d} p(x)f(x) \ , \ J := \{0, 1, \cdots, N-1\}$$

$$\cdots (4.15.5)$$

ここで $N = 2^n$ としています。このとき p, f の条件として以下を満たします。

$$\sum_{x \in J^d} p(x) = 1 \ , \ f(x) = h\left(\frac{x}{N}\right) \ \cdots (4.15.6)$$

p, f の定義より $0 \le S(f) \le 1$ となります。最終的に式 (4.15.1) の値は、この $S(f)$ を求めることに帰着します。以下からは $S(f)$ を量子コンピュータで求めていこうと思います。

● 1次元積分

$d = 1$ の場合をまず考えます。$S(f)$ を以下のように置くことができます。

$$S(f) = \sum_{x=0}^{2^n-1} p(x)f(x) \ \cdots (4.15.7)$$

量子振幅推定を行うための $\mathcal{A}$ を考えます。初期状態として $|0\rangle^{\otimes n+1}$ を用意します。$\mathcal{A}|0\rangle^{\otimes n+1}$ を以下のようにします。

$$\mathcal{A} |0\rangle^{\otimes n+1} = \sum_{x=0}^{2^n-1} \sqrt{p(x)} |x\rangle \left(\sqrt{f(x)} |0\rangle + \sqrt{1-f(x)} |1\rangle \right) \cdots (4.15.8)$$

これを表現するために新たに2つのゲート $\mathcal{R}, \mathcal{P}$ を以下で定義します。

$$\mathcal{P} |0\rangle^{\otimes n} := \sum_{x=0}^{2^n-1} \sqrt{p(x)} |x\rangle$$

$$\mathcal{R} |x\rangle |0\rangle := |x\rangle \left(\sqrt{f(x)} |0\rangle + \sqrt{1-f(x)} |1\rangle \right) \cdots (4.15.9)$$

このとき $\mathcal{A} = \mathcal{R}(\mathcal{P} \otimes \mathcal{I})$ と書くことができます。

次に、式 (4.15.8) を以下のベクトル $|\omega\rangle$, $|\omega^\perp\rangle$ を使って書き直します。

$$|\omega\rangle := \sum_{x=0}^{2^n-1} \sqrt{p(x)} \sqrt{\frac{f(x)}{S(f)}} |x\rangle |0\rangle$$

$$|\omega^\perp\rangle := \sum_{x=0}^{2^n-1} \sqrt{p(x)} \sqrt{\frac{1-f(x)}{1-S(f)}} |x\rangle |1\rangle \cdots (4.15.10)$$

これを用いると $\mathcal{A} |0\rangle^{\otimes n+1}$ は以下のようになります。

$$\mathcal{A} |0\rangle^{\otimes n+1} = \sqrt{1-S(f)} |\omega^\perp\rangle + \sqrt{S(f)} |\omega\rangle \cdots (4.15.11)$$

$S(f)$ を作り出すことができました。

$0 \le S(f) \le 1$ より

$$\sqrt{S(f)} = \sin\theta$$

と書き直します。

最後に量子振幅推定から θ を求めます。

式 (4.13.3)，式 (4.13.5') と同じように $\mathcal{Q}$ を考えると、以下のように置くことができます。

$$\mathcal{Q} := \mathcal{U}_\Omega \mathcal{U}_{\omega^\perp} \;,\; \mathcal{U}_{\omega^\perp} := I_n \otimes Z \;,\; \mathcal{U}_\Omega := \mathcal{A}\left(I_{n+1} - 2\left|0\right\rangle^{\otimes n+1}\left\langle 0\right|^{\otimes n+1}\right)\mathcal{A}^\dagger$$
$$\cdots (4.15.12)$$

あとは量子振幅推定の流れから

$$S(f) = \sin^2\theta \approx \sin^2\left(\frac{\pi}{M}x\right) = \sin^2\left(\pi\left(1 - \frac{x}{M}\right)\right) \cdots (4.15.13)$$

と $S(f)$ を求めることができました。

●d次元積分

一般のd次元の場合は $S(f)$ を次のように定義します。

$$S(f) = \sum_{x_1=0}^{2^n-1} \cdots \sum_{x_d=0}^{2^n-1} p(x_1 \cdots x_d)f(x_1 \cdots x_d) \cdots (4.15.14)$$

これに作用させる $\mathcal{P}, \mathcal{R}$ は

$$\mathcal{P}\left|0\right\rangle_{nd} := \sum_{x_1=0}^{2^n-1} \cdots \sum_{x_d=0}^{2^n-1} \sqrt{p(x_1 \cdots x_d)}\left|x_1\right\rangle_n \cdots \left|x_d\right\rangle_n$$
$$\mathcal{R}\left(\left|x_1\right\rangle_n \cdots \left|x_d\right\rangle_n \left|0\right\rangle\right) := \left|x_1\right\rangle_n \cdots \left|x_d\right\rangle_n \left(\sqrt{f(x_1 \cdots x_d)}\left|0\right\rangle + \sqrt{1 - f(x_1 \cdots x_d)}\left|1\right\rangle\right)$$
$$\cdots (4.15.15)$$

あとは1次元のときと同様の操作をすれば求めることができます。

今回は以下の積分を求めてみます。

$$\int_0^1 \sin^2 x\, dx \approx 0.27268$$

この積分の近似値 $S(f)$ を以下で定義します。

$$S(f) = \sum_{x=0}^{2^n-1} \frac{1}{2^n} \sin^2 \frac{x}{2^n} \ , \ \sum_{x=0}^{2^n-1} \frac{1}{2^n} = 1$$

$$\left(p(x) = \frac{1}{2^n} \ , \ f(x) = \sin^2 \frac{x}{2^n} \right)$$

よって今回 $\mathcal{R}, \mathcal{P}$ は次のように置くことができます。

$$\mathcal{P} \left| 0 \right\rangle_n := \sum_{x=0}^{2^n-1} \sqrt{\frac{1}{2^n}} \left| x \right\rangle_n = H^{\otimes n} \left| x \right\rangle_n$$

$$\mathcal{R} \left| x \right\rangle_n \left| 0 \right\rangle := \left| x \right\rangle_n \left(\sin \frac{x}{2^n} \left| 0 \right\rangle + \cos \frac{x}{2^n} \left| 1 \right\rangle \right)$$

$\mathcal{A}, \mathcal{Q}$ を作るのに必要なものは揃ったので、これを元に量子回路を作成します。

今回は$n = 2$、振幅を推定する量子ビットを$m = 3$とします。すると量子回路は以下のようになります。

▼図4-17　具体例の量子回路

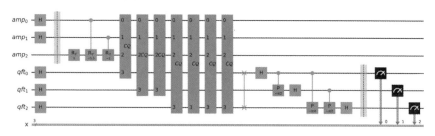

```
import matplotlib.pyplot as plt
%matplotlib inline
import numpy as np

# Qiskitから必要なモジュールをインポート
from qiskit import QuantumCircuit, ClassicalRegister,
QuantumRegister, execute, Aer
from qiskit.tools.visualization import import plot_histogram

qr_amp = QuantumRegister(3, name='amp')
qr_qft = QuantumRegister(3, name='qft')
c = ClassicalRegister(3, name='x')
circuit = QuantumCircuit(qr_amp, qr_qft, c)

# CCRy ゲート
def ccry(circuit, theta, c1, c2, t):
    sub_q = QuantumRegister(3)
    sub_circ = QuantumCircuit(sub_q, name='$C^2R_Y$\n('+str(theta)
[:4]+')')
    sub_circ.ccx(0, 1, 2)
    sub_circ.ry(-theta/2, 2)
    sub_circ.ccx(0, 1, 2)
    sub_circ.ry(theta/2, 2)
    sub_inst = sub_circ.to_instruction()
    circuit.append(sub_inst, [c1, c2, t])

circuit.h([0, 1, 3, 4, 5])
```

```
circuit.barrier(qr_amp)

# R
circuit.ry(np.pi, 2)
circuit.cry(-1/2, qr_amp[0], qr_amp[2])
circuit.cry(-1, qr_amp[1], qr_amp[2])

# cQ
def cq(circuit, amp, c):
    sub_q = QuantumRegister(4)
    circ = QuantumCircuit(sub_q, name='$C\mathcal{Q}$')
    circ.cz(3, 2)

    ccry(circ, 1, sub_q[1], 3, sub_q[2])
    ccry(circ, 1/2, sub_q[0], 3, sub_q[2])
    circ.cry(-np.pi, 3, sub_q[2])

    circ.ch(3, 1)
    circ.ch(3, 0)

    circ.cx(3, 0)
    circ.cx(3, 1)
    circ.cx(3, 2)

    circ.ch(3, 2)
    circ.mct([3, 0, 1], 2)
    circ.ch(3, 2)

    circ.cx(3, 2)
    circ.cx(3, 1)
    circ.cx(3, 0)

    circ.ch(3, 0)
    circ.ch(3, 1)

    circ.cry(np.pi, 3, sub_q[2])
    ccry(circ, -1/2, sub_q[0], 3, sub_q[2])
    ccry(circ, -1, sub_q[1], 3, sub_q[2])

    sub_inst = circ.to_instruction()
    circuit.append(sub_inst, [amp[0], amp[1], amp[2], c])

# 振幅増幅
cq(circuit, qr_amp, 3)

for i in range(2):
```

```
        cq(circuit, qr_amp, 4)

for i in range(4):
    cq(circuit, qr_amp, 5)

# 逆量子フーリエ変換
circuit.swap(3,5)
circuit.h(3)
circuit.cp(-np.pi/2,3,4)
circuit.h(4)
circuit.cp(-np.pi/4,3,5)
circuit.cp(-np.pi/2,4,5)
circuit.h(5)

circuit.barrier(qr_qft)

circuit.measure(qr_qft, c)

backend = Aer.get_backend('qasm_simulator')
shots = 1024
results = execute(circuit, backend=backend, shots=shots).result()
answer = results.get_counts()
print(answer)
circuit.draw(output='mpl', fold=50)
```

またQの中身は以下のようになっています。

▼図4-18　Qの量子回路

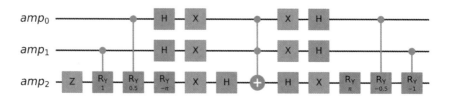

最終的に出力は以下のようになります。

▼実行結果

```
{'0000': 15, '0001': 17, '0010': 358, '0011': 69, '0100': 14,
 '0101': 5, '0110': 3, '0111': 1, '1000': 4, '1001': 6, '1010': 5,
 '1011': 5, '1100': 10, '1101': 74, '1110': 391, '1111': 23}
```

```
# グラフを出力する
plot_histogram(answer)
```

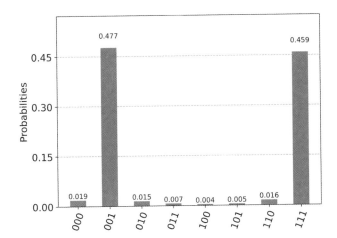

この値から $x=1$ とすると、$\theta = \dfrac{\pi}{8}$ なので $\sin^2\theta = 0.14$、$\sin^2\dfrac{\pi}{4} = 0.5$ より、取りうる値の中でもっとも良い近似値が得られていることがわかります。

n の値を増やすことで積分の分割数を大きくすることができ、m の値を増やせば $S(f)$ の精度をより大きくすることができます。

memo

CHAPTER 5

量子古典ハイブリッド
アルゴリズム

最近はクラウドなどを利用して誰でも量子コンピュータを利用することができるようになりました。しかし、いまの量子コンピュータでは計算の誤りが多く発生し、これまでに考えられていた量子アルゴリズムの多くがうまく動作しないことも明らかになりました。

そこで、近年では少ない量子ゲート数でも動作する量子アルゴリズムの研究が盛んに行われています。その大部分を占めるのが、量子コンピュータで少ない量子ゲート数の量子回路を動かしながら、古典コンピュータで量子コンピュータが動かすべき量子回路を探索する「量子古典ハイブリッド計算」と呼ばれる手法です。

01 量子古典ハイブリッド計算

4章では様々な量子アルゴリズムを紹介しました。ですが、これらの量子アルゴリズムは、まだ誤りの多い現在の量子コンピュータでは正しく動作しません。

そのため、回転角をパラメータにした量子回路（**PQC**：Parametrized Quantum Circuit）を作り、古典コンピュータを使ってパラメータ調整をしながら量子コンピュータで量子回路を動かしてほしい量子回路や答えを得るという試みが、量子古典ハイブリッド計算という種類の量子アルゴリズムとして、近年盛んに研究されています。

1 PQC（パラメータ付き量子回路）

量子回路に使うゲートには、回転角を指定することができる回路がありました。これまで紹介してきた量子アルゴリズムでは、行いたい計算に合わせて回転角を決めたうえでゲートを追加していました。それでは、回転角を決めずに「パラメータ」として持たせた場合はどうなるでしょうか。

これまでの量子回路は、$|0...0\rangle$をある特定の量子状態$|\Psi\rangle$に変化させるものでしたが、パラメータがある場合、パラメータθの値に合わせて量子回路が変わり、作られる量子状態も変わります。パラメータθのときの量子状態を$|\Psi(\theta)\rangle$で表します。

このようなパラメータ付きの量子回路を**PQC**（Parametrized Quantum Circuit）やansatz（アンザッツ）などと呼びます。

従来の量子アルゴリズムでは、ほしい量子状態を作るような量子回路を事前に準備しておくことが必要でしたが、PQCではほしい量子状態を作るための量子回路をどう作ればいいかわからなくても、パラメータを探索することによって、そのような量子回路を見つけることができます。物理や化学のシミュレーション、最適化問題、機械学習などでは、まさに「どのような状態が正解かはわからないが、とにかくエネルギーやロスを小さくしたい」という場面が多くあり、その場合にPQCを使った量子アルゴリズムがよく使われます。

PQCを使ったものは比較的少ないゲート数でも、高い表現力を持った量子回路を作ることができるため、近年の誤りの多い量子コンピュータでも比較的実行しやすいと期待されています。また、パラメータ探索には従来の古典コンピュータが使われていて、量子コンピュータと古典コンピュータが互いに補い合いながら計算するため**量子古典ハイブリッド計算**と呼ばれています。

2　ハミルトニアンと期待値

　物理学において、エネルギーに対応する演算子を**ハミルトニアン**と呼び、$\hat{H}$で表します。量子状態を$|\Psi\rangle$とすると、この系でのエネルギーの期待値は$\langle\Psi|\hat{H}|\Psi\rangle$と書き表せます。自然界では多くの場合、エネルギーの期待値が最小となるような量子状態をとっているため、そのような量子状態を求めることができれば、自然界をシミュレーションすることができます。

　物理シミュレーションや化学計算などで、こういった計算はこれまでにも多く行われてきましたが、量子状態が複雑になると計算に非常に時間がかかるという課題がありました。量子コンピュータは、複雑な量子状態を扱えるため、そういった計算が高速にできるのではないかと期待されています。

　また、最適化問題によっては、このようなエネルギーの期待値の数式で書き表して、エネルギーの期待値を最小化する問題として考えることができます。そのため、数理最適化などの文脈では、実際の物理系のエネルギーを与える演算子でなくても、このような形式のハミルトニアンと呼んだり、この数式を計算した値をエネルギーと呼ぶ場合があります。

　本書でも、ハミルトニアンやエネルギーとは、実際の物理系と必ずしも対応づけないものとします。なお、ハミルトニアンはエルミート行列である必要があります。そのとき上式は、どのような量子状態についても、実数の期待値を持つことが知られています。実際の物理系のエネルギーが実数でない複素数になることは考えられないですし、最適化問題を考える上でも、期待値が複素数になると、大小の比較ができなくなり、最小値が求められなくなります。

3 ハミルトニアンのパウリ行列での表現

どのようなハミルトニアンも (言い換えると、どのようなエルミート行列も)、**パウリ行列** (と単位行列) の直積に定数をかけたものの和として書き表せます。すなわち、

$P_i = \sigma_1 \otimes \sigma_2 \otimes \ldots \otimes \sigma_n \ (\sigma_j \in \{I, X, Y, Z\}, j = 1, \ldots, n)$

すると、任意のハミルトニアンは

$$\hat{H} = \sum_{i=0}^{N} a_i P_i$$

のような形で書くことができます。ですので、$\langle \Psi \mid X \mid \Psi \rangle$, $\langle \Psi \mid Y \mid \Psi \rangle$, $\langle \Psi \mid Z \mid \Psi \rangle$ を求めることができれば、期待値 $\langle \Psi \mid \hat{H} \mid \Psi \rangle$ を求めることができます。これらの求め方を見ていきます。

4 Z行列での測定

量子コンピュータにおける通常の測定は、Z行列での測定に対応します。簡単にするため、1量子ビット $\mid \Psi \rangle = \alpha \mid 0 \rangle + \beta \mid 1 \rangle$ とおいて、$\langle \Psi \mid Z \mid \Psi \rangle$ を計算すると、

$$\begin{aligned}
\langle \Psi \mid Z \mid \Psi \rangle &= (\overline{\alpha} \langle 0 \mid + \overline{\beta} \langle 1 \mid) Z(\alpha \mid 0 \rangle + \beta \mid 1 \rangle) \\
&= (\overline{\alpha} \langle 0 \mid + \overline{\beta} \langle 1 \mid)(\alpha \mid 0 \rangle - \beta \mid 1 \rangle)) \\
&= \overline{\alpha} \, \alpha \langle 0 \mid 0 \rangle + \overline{\alpha} \, \beta \langle 0 \mid 1 \rangle - \overline{\beta} \alpha \langle 1 \mid 0 \rangle - \overline{\beta} \beta \langle 1 \mid 1 \rangle \\
&= \overline{\alpha} \, \alpha - \overline{\beta} \beta \\
&= \mid \alpha \mid^2 - \mid \beta \mid^2
\end{aligned}$$

となります。測定を行って0が得られる確率が $\mid \alpha \mid^2$、1が得られる確率が $\mid \beta \mid^2$ であったので、$\langle \Psi \mid Z \mid \Psi \rangle = \mid \alpha \mid^2 - \mid \beta \mid^2$ は、0が得られる確率から1が得られる確率を引いたものです。

複数量子ビットの場合は、$\langle \Psi \mid Z \mid \Psi \rangle$ の期待値は1が偶数個得られる確率から、1が奇数個得られる確率を引くことで計算できます。このことは、パウリのZ行列が、$\mid 0 \rangle$ には何もせず、$\mid 1 \rangle$ には符号を入れ替える働きがあること、符号を偶数回入れ替えると打ち消されることから理解できます。具体的に2量子ビットの場合を確かめてみます。

$\mid \Psi \rangle = a_{00} \mid 00 \rangle + a_{01} \mid 01 \rangle + a_{10} \mid 10 \rangle + a_{11} \mid 11 \rangle$ とすると、

$$\langle \Psi \mid (Z \otimes Z) \mid \Psi \rangle$$
$$= (\bar{a}_{00}\langle 00 \mid + \bar{a}_{01}\langle 01 \mid + \bar{a}_{10}\langle 10 \mid + \bar{a}_{11}\langle 11 \mid)(Z \otimes Z)(a_{00} \mid 00 \rangle$$
$$+ a_{01} \mid 01 \rangle + a_{10} \mid 10 \rangle + a_{11} \mid 11 \rangle)$$
$$= (\bar{a}_{00}\langle 00 \mid + \bar{a}_{01}\langle 01 \mid + \bar{a}_{10}\langle 10 \mid + \bar{a}_{11}\langle 11 \mid)(a_{00} \mid 00 \rangle - a_{01} \mid 01 \rangle$$
$$- a_{10} \mid 10 \rangle + a_{11} \mid 11 \rangle)$$
$$= |a_{00}|^2 - |a_{01}|^2 - |a_{10}|^2 + |a_{11}|^2$$
$$= (|a_{00}|^2 + |a_{11}|^2) - (|a_{01}|^2 + |a_{10}|^2)$$

のように、確かに1が偶数個得られる確率から奇数個得られる確率を引いたものと
なりました。

5　X行列、Y行列での測定

続いて、Z行列ではなくX行列やY行列で測定した場合についても考えましょう。

$X = HZH$という関係がありました。つまり、$\langle \Psi \mid X \mid \Psi \rangle = \langle \Psi \mid HZH \mid \Psi \rangle$
$= ((\langle \Psi \mid H)Z(H \mid \Psi \rangle))$です。これは、$\mid \Psi \rangle$を与える量子回路にアダマールゲートを
追加してから、Zでの測定を行ったものと考えることができます。Yについては、
$Rx(-\pi/2)ZRx(\pi/2)$という関係があります。$Rx(-\pi/2)$が$Rx(\pi/2)^+$である
ことに注意すると、

$$\langle \Psi \mid Y \mid \Psi \rangle = \langle \Psi \mid Rx(-\pi/2)ZRx(\pi/2) \mid \Psi \rangle$$
$$= ((\langle \Psi \mid Rx(\pi/2)^{\dagger})Z(Rx(\pi/2) \mid \Psi \rangle))$$
$$= \langle \Psi' \mid Z \mid \Psi' \rangle$$

となります。ここで、$\mid \Psi' \rangle = Rx(\pi/2) \mid \Psi \rangle$と置きました。これにより、パウリのX,
Y, Zのどの行列についても、期待値を計算できることがわかりました。

6　ハミルトニアンの期待値の計算

ハミルトニアンは

$$\hat{H} = \sum_{i=0}^{N} a_i P_i$$

$$P_i = \sigma_1 \otimes \sigma_2 \otimes \ldots \otimes \sigma_n \, (\sigma_j \in \{I, X, Y, Z\}, j = 1, \ldots, n)$$

のように書き表せるのでした。これは

$$\begin{aligned} \langle \Psi \mid \hat{H} \mid \Psi \rangle &= \langle \Psi \mid \hat{H} \mid \Psi \rangle \\ &= \langle \Psi \mid \sum_{i=0}^{N} a_i P_i \mid \Psi \rangle \\ &= \sum_{i=0}^{N} a_i \langle \Psi \mid P_i \mid \Psi \rangle \end{aligned}$$

と式を変形できるので、$\langle \Psi \mid P_i \mid \Psi \rangle$ を測定により求めることができれば、ハミルトニアンの期待値が計算できます。X, Y, Zそれぞれのパウリ行列での測定方法は先ほど確認しました。また、単位行列 I については、$\langle \Psi \mid I \mid \Psi \rangle = \langle \Psi \mid \Psi \rangle = 1$ なので、測定しなくても期待値を求めることができます。例えば、$X \otimes I \otimes Y \otimes Z$ の場合は、次のように期待値を求めることができます。

図5-1のような回路を測定し、1の数の偶奇を数えます。

▼図5-1 $X \otimes I \otimes Y \otimes Z$ の期待値を測定する量子回路

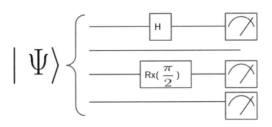

1の数が偶数の場合は期待値は＋1、奇数の場合は期待値は－1とします。この計算を何度か行い、平均を取ることで、項の期待値が求まります。それぞれの項について期待値を求め、係数をかけて足し合わせることで、ハミルトニアンの期待値を計算することができます。

02 量子断熱計算と QAOA

量子断熱計算は量子アニーラで使われている最適化のための量子計算です。量子古典ハイブリッドでも、量子断熱計算を近似したQAOAにより最適化計算が行えます。

1　量子断熱計算を量子ゲートで近似する

　量子断熱計算は、どのような量子状態が最小のエネルギーを取るのかが明らかなハミルトニアンから、徐々にハミルトニアンを変化させて、どのような量子状態で最小のエネルギーとなるかわからないような問題を解く量子計算です。

　D-Waveに代表される量子アニーラは量子断熱計算を行うことで問題を解いています。量子回路でも、ハミルトニアンに鈴木トロッター展開とよばれる数式展開を行うことで量子断熱計算はできるのですが、そのためにたくさんの量子ゲートが必要になり、誤りの多い現在の量子コンピュータではうまく動作しません。そこで、**QAOA**という手法が開発されました。QAOAでは、量子ゲート数は、量子断熱計算をそのまま行うよりも少なくなりますが、そのかわり、PQCとなるため、パラメータの探索が必要です。

2　量子断熱計算の理論

　最初のハミルトニアンを $\hat{H}_{start}$ として、最終的に求めたい問題のハミルトニアンを $\hat{H}_{final}$ とします。時間が0から T まで経過するとして、時間 t でのハミルトニアンを

$$\hat{H}(t) = (1 - \frac{t}{T})\hat{H}_{start} + \frac{t}{T}\hat{H}_{final}$$

とし、状態ベクトル $|\Psi(t=0)\rangle$ を $\hat{H}_{start}$ の固有状態から開始させ、時間発展と呼ばれる計算を行うと、時間の経過が十分にゆっくりであれば、状態ベクトル $|\Psi(t)\rangle$ は $\hat{H}(t)$ の固有状態に追従します。ハミルトニアンは徐々に求めたい問題のハミルトニアンに変わっていくので、最終的には、状態ベクトルは求めたい問題の固有状態を表すことになります。

時間に従った状態ベクトルの変化を計算するには、時間発展という計算を行います。詳細について触れると物理の教科書のようになってしまうため割愛しますが、ハミルトニアン $\hat{H}$ が時間により変化しないときは、時間が 経過したときの状態ベクトルは

$$| \Psi(t) \rangle = e^{i\hat{H}t} | \Psi(0) \rangle$$

と書き表せます。今回のハミルトニアンの場合、時間を微小時間 δt ごとに分割し、

$$| \Psi(\delta t) \rangle = e^{i\frac{\delta t}{T}\hat{H}_{final}\delta t} | \Psi(0) \rangle$$

$$| \Psi(2\delta t) \rangle = e^{i(1-\frac{2\delta t}{T})\hat{H}_{start}\delta t} | \Psi(\delta t) \rangle$$

$$| \Psi(3\delta t) \rangle = e^{i\frac{2\delta t}{T}\hat{H}_{final}\delta t} | \Psi(2\delta t) \rangle$$

$$| \Psi(4\delta t) \rangle = e^{i(1-\frac{2\delta t}{T})\hat{H}_{start}\delta t} | \Psi(3\delta t) \rangle$$

$$\vdots$$

のように順に計算していくことができます。

IBMの英語ブログ　その④

　具体的な手法に関しては言及がされていないので、それぞれどのようなアルゴリズムが対応するのかを、見ていきたいと思います。

●チュートリアル

　IBMからは具体的な金融計算に関する様々なチュートリアルが提供されているので、これらを見ていくのもいいですね。
(https://qiskit.org/documentation/tutorials/finance/index.html)

03 イジング模型とQUBO

量子断熱計算やQAOAで問題を解くにあたり、問題を「イジング模型」と呼ばれる形式で定式化する必要があります。そのため、ここで、イジング模型の定義を見るとともに、QUBOという定式化方法についても確認します。QUBOはイジング模型と相互に変換が可能であることが知られており、多くの場合はイジング模型として問題を定式化するよりも、QUBOで定式化する方がわかりやすいので、本書ではQUBOで問題を定式化し、イジング模型に変換することを考えます。

1 イジング模型

イジング模型は、強磁性体をモデル化したものです。スピンという小さな磁石が格子状に並んでいる状況を考え、外部から磁場がかかっているとき、スピンがどっち向きに向くかを考えたいとします。スピンは磁石のN極・S極ではなく、矢印で書き表されることが多いため、その流儀に従います。矢印はN極の方向を指し、上向きの矢印を**上向きスピン**、下向きの矢印を**下向きスピン**と呼びます。上向きスピンを $|0\rangle$、下向きスピンを $|1\rangle$ と置くと、1つのスピンは、Bloch球で表現することができ、1量子ビットと考えることができます。

外部からの磁場が、横向きにかかっている場合、1つの固有状態として、それぞれの量子ビットが $|+\rangle$ 状態をとっている、というものがあります。これが、量子断熱計算の初期状態にあたります。

一方、外部からの磁場が縦方向からもかかっている場合、さらに複数のスピン同士が相互作用を持つ（つまり「ある量子ビットと、別のある量子ビットが同じ方向を向いているときにエネルギーが低くなる」というような磁場がかかっている）ときには、それぞれの量子ビットが、どの方向を向いている状態が安定しているのか（エネルギーが低いか）について、簡単に求めることができません。しかし、縦磁場や相互作用をハミルトニアンとして書き表し、量子断熱計算によって、横向きのハミルトニアンから徐々に変化させていくことで、最もエネルギーの低い安定した状態を求めることがで

きます。

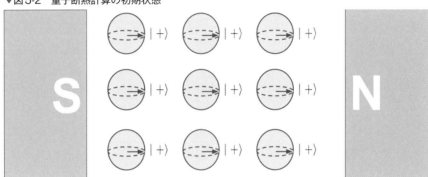

横方向の磁場のハミルトニアンは、すべての量子ビットにパウリのX行列がかかっている状態に相当します。また、縦磁場のハミルトニアンは、上向きスピンを$|0\rangle$、下向きスピンを$|1\rangle$だったので、

$$Z\,|\,0\rangle = |\,0\rangle,\ Z\,|\,1\rangle = -\,|\,1\rangle$$

より、ある量子ビットにZを作用させると、スピンが下を向いたときにエネルギーが少なくなり、$-Z$を作用させると、スピンが上を向いたときにエネルギーが少なくなります。また、相互作用についてですが、

$$Z \otimes Z = \begin{pmatrix} 1 & 0 & 0 & 0 \\ 0 & -1 & 0 & 0 \\ 0 & 0 & -1 & 0 \\ 0 & 0 & 0 & 1 \end{pmatrix}$$

なので、$Z \otimes Z$は2つの量子ビットがそれぞれ反対向きを向いているときにエネルギーが少なくなり、$-Z \otimes Z$は2つの量子ビットがそれぞれ同じ向きを向いているときにエネルギーが少なくなります。これらと係数をかけることで、様々な最適化問題のためのハミルトニアンを作ることができます。

イジング模型のハミルトニアンについて解説しましたが、多くの人にとって、最適化問題とイジング模型のハミルトニアンとの対応付けは難しいでしょう。そこで、より親しみやすい**QUBO**（Quadratic Unconstrained Binary Optimization）という形式について説明します。QUBOとイジング模型とは相互に対応することが知られており、QUBOで最適化問題を定式化すれば機械的にイジング模型に変換することができます。

QUBOでは、0か1かをとるn個の変数$q_0, q_1, \ldots, q_{n-1}$を考え、

$$\sum_{i \leq j} c_{ij} q_i q_j$$

を最小化するという問題を考えます。

このような係数c_{ij}を作ることで、最適化問題を定式化します。つまり、c_{ij}がプラスなら、q_iとq_jがともに1だと、値がc_{ij}だけ大きくなるので、どちらか（もしくは両方）が0の方が望ましいということになります。また、c_{ij}がマイナスなら、q_iとq_jがともに1だと、値がc_{ij}だけ小さくなるので、両方が1の方が望ましいということになります。

$i = j$のとき、$q_i = q_j$なので、$q_i q_j = q_i^2 = q_i$となります（q_iは0か1のいずれかの値しか取らず、0の2乗は0、1の2乗は1なので、この等式が成り立ちます）。つまり、c_{ij}がマイナスならq_iが1の方が望ましいということになります。

0か1かの掛け算で書き表せるので「AかつB」が望ましいなら$c_{AB}q_A q_B$の項がマイナスになるのが望ましく、また「AまたはB（少なくとも一方）」が望ましいなら、

$c_{AA} = c_{BB} = -t, c_{AB} = t, t > 0$と置き、$c_{AA}q_A + c_{BB}q_B + c_{AB}q_A q_B = -tq_A - tq_B + tq_A q_B$とすれば、$q_A$か$q_B$の少なくとも一方が1のとき、$t$だけ値が小さくなるようにできます。

さらに「A、B、Cのどれか一つを必ず選ぶ」という条件は$(q_A + q_B + q_C - 1)^2 = 0$となるのが望ましいような条件をつければいいので、$t > 0$として$t(q_A + q_B + q_C - 1)^2 = 2tq_A q_B + 2tq_A q_C + 2tq_B q_C$となるように$c_{ij}$のパラメータを設定すれば、ちょうど1つだけが選ばれているときに最も値が小さくなります。

このようにQUBOを使えば、イジング模型よりは簡単に問題の定式化ができます。

具体的な定式化については、あとの節で確認します。

また、QUBOをイジング模型に変換するには、$q_i = \dfrac{I - Z_i}{2}$ と置けばよく、このとき、q_i で期待値を取ると、$|0\rangle$ のとき0に、$|1\rangle$ のとき1になります（理解を深めるために、手計算で確認してみてください）。

3　QAOA回路

QAOAは上記の量子断熱計算と似た原理ですが、パラメータを付け加えて、より短い量子回路でエネルギーが最小となる状態ベクトルを探索します。

まず、適当なステップ数を決めます。ステップ数が多ければ多いほど回路が長くなり、また、パラメータの数が増えるため、適切なパラメータが存在する可能性は高くなりますが、回路が長くなることでシミュレーションに時間がかかったり、実機ではエラーが多く入ったりします。また、パラメータが多ければ多いほど、適切なパラメータを探すための試行回数も増えることになります。

パラメータは、ステップ数を p とすると、$\beta_1, \beta_2, \ldots, \beta_p$ と $\gamma_1, \gamma_2, \ldots, \gamma_p$ を用意し、以下のような回路を作ります。

▼図5-3　QAOAの量子回路

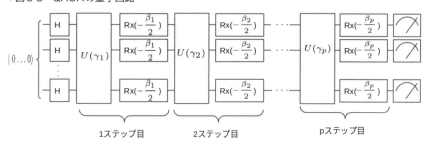

$\mathrm{Rx}\left(-\dfrac{\beta_i}{2}\right)$ のゲートは、$\hat{H}_{start}$ の部分を表しています。Rxゲートは、ブロッホ球のX軸を軸として量子ビットを回転させる作用があり、これは、横向きの磁場により量子ビットが回転することに対応します。$U(\gamma_i)$ で表したゲートは、$\hat{H}_{final}$ に対応し、ハミルトニアンの各項ごとに、相互作用のない1次の項、相互作用のある2次の項についてそれぞれ、次ページのように作ります。

▼図5-4　1次の項、2次の項に対応する量子回路

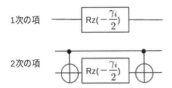

これらの回路は機械的に生成できるため、Qiskitが自動的に作成してくれます。問題の定式化を行うことに集中するのがよいでしょう。

4　ミキサーを使ったQAOA

先の説明では、初期ハミルトニアンは横方向の磁場、初期状態は$|+\rangle$としました。しかし、必ずしもそうである必要はありません。適切な初期ハミルトニアンと初期状態さえ用意すれば、問題はより解きやすくなります。

初期ハミルトニアンを変えることは回路中の RX $(\dfrac{\beta_i}{2})$ のゲートを別のゲートに変えることに相当し、初期状態を変えることは回路の一番左のアダマールゲートを別のゲートに変えることに相当します。ここで使っているRXゲートをミキサーと呼んでいます。RXゲートとは異なるミキサーを利用した実例もあとで確認します。

5　QAOAの例題を解く

ここでは、簡単な例題として、最小化したいQUBOの式を

$$\hat{H}_{final} = 2q_1 - q_2 - 4q_0q_1 + 3q_1q_2$$

とします。これは、0番目と1番目の量子ビットが1で、2番目の量子ビットが0のときに最も低い値を取ります。次に、このQUBOを作るQiskitのコードを示します。

```python
import numpy as np
from qiskit.optimization import QuadraticProgram

qubo = QuadraticProgram()
# 変数を作ります
qubo.binary_var('q0')
qubo.binary_var('q1')
qubo.binary_var('q2')
# QUBOの係数を行列の形式で指定し、代入します
```

```
q = np.zeros((3, 3))
q[1, 1] = 2
q[2, 2] = -1
q[0, 1] = -4
q[1, 2] = 3
qubo.minimize(quadratic=q)
print(qubo)
```

このように行列で指定しても構いませんし、

```
from qiskit.optimization import QuadraticProgram

qubo = QuadraticProgram()
# 変数を作ります
qubo.binary_var('q0')
qubo.binary_var('q1')
qubo.binary_var('q2')
qubo.minimize(linear={'q1': 2, 'q2': -1}, quadratic={('q0', 'q1'):
-4, ('q1', 'q2'): 3})
print(qubo)
```

このように辞書で指定しても構いません。linearは一次の項、quadraticは二次の項
です。問題に合わせて、作りやすい方法を取るのがいいでしょう。

このハミルトニアンを最小化するような状態を求めます。

```
from qiskit import Aer
from qiskit.optimization.algorithms import MinimumEigenOptimizer
from qiskit.aqua import QuantumInstance
from qiskit.aqua.algorithms import QAOA

quantum_instance = QuantumInstance(Aer.get_backend('statevector_
simulator'))
step = 1
qaoa_mes = QAOA(quantum_instance=quantum_instance, p=step)
qaoa = MinimumEigenOptimizer(qaoa_mes)
qaoa_result = qaoa.solve(qubo)
print(qaoa_result)
```

これを実行すると、次のような結果が得られます。

▼実行結果

```
optimal function value: -2.0
optimal value: [1. 1. 0.]
status: SUCCESS
```

202

04 QAOAの実問題を解く

　皆が同じ道路を通ると道路が渋滞するので、場合によっては、やや遠回りしてでも空いている道路を通ったほうが結果的に早く目的地に到着するかもしれません。どのようなルートをたどれば渋滞を減らし、全体最適となるかを考えるのが、交通最適化問題です。

1 交通最適化問題

　次のような、**交通最適化問題**を考える際に役立つ資料を元に、例題を作ってみます。

●資料 「Quantum Computing at Volkswagen:Traffic Flow Optimization using the D-Wave Quantum Annealer」
　　　出典：https://www.dwavesys.com/sites/default/files/VW.pdf

　これはD-Waveの量子アニーラで行われた計算を紹介している資料です。D-Waveでできる問題は量子ゲートを使ってQAOAで解くことができるので、今回はこの資料で紹介されている例を解いてみます。

　また、元の資料にはミキサーの指定はありませんが、ミキサーを使って拘束条件を減らして解きます。D-Waveでは、ミキサーの指定はできず、標準的なRXゲートによるものしか使えません。

　資料の元となった論文では、自動車の位置情報から通った出発地、目的地、通ったルートを割り出すようなことを古典でやっていますが、今回の例題では、それらについては与えられているものとします。

　スタートAからゴールBまで12の道路に対して、通し番号が0から11まで付けられています。

　自動車1（car1）と自動車2（car2）があり、それぞれの自動車が通るルートの候補を2つずつ持っています。候補のうちの一方をそれぞれが選択し、一番混雑度が低くなるようにします。ルートの候補を、次の表のようにとり、各候補にq_0からq_3までの量子

ビットを割り当てます。

▼図5-5 それぞれの道路の通し番号

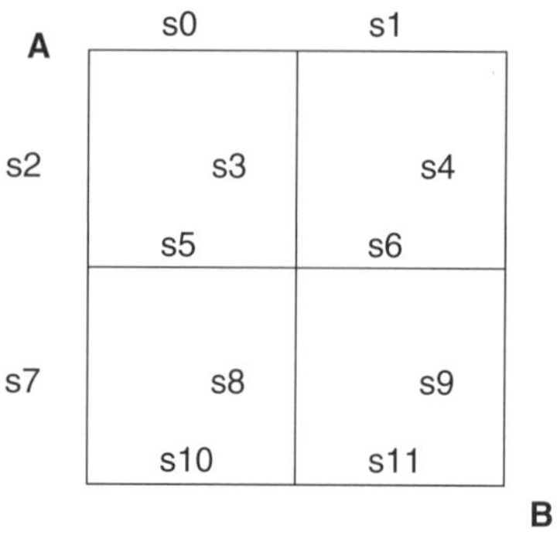

```
        s0          s1
  A  ┌─────────┬─────────┐
     │         │         │
 s2  │   s3    │   s4    │
     │  s5     │  s6     │
     ├─────────┼─────────┤
     │         │         │
 s7  │   s8    │   s9    │
     │  s10    │  s11    │
     └─────────┴─────────┘
                      B
```

▼表5-1 車ごとの経路の候補

経路	car1	car2
候補 1	q0：s0, s3, s6, s9	q2：s0, s3, s8, s11
候補 2	q1：s0, s3, s8, s11	q3：s2, s7, s10, s11

▼図5-6 車ごとの経路の候補（表5-1を図示）

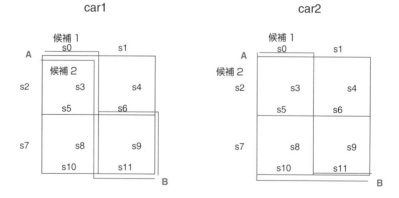

　このとき、最も道が混雑しないのは、car1が候補1、car2が候補2を通る場合です。つまり、量子ビットq_0とq_3が選択されている（1になっている）場合が最適解となります。

▼図5-7　最も混雑しない経路の選択

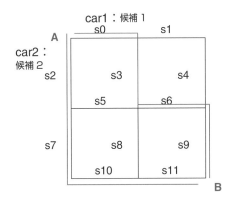

2　制約条件を満たすミキサーを選択する

　ここでは、ルート選択は1つだけを選ぶわけですから、q_0かq_1の片方は1で、もう片方は0となるのが条件となります。q_2とq_3も同様です。QUBOでそのような制約条件を付け加えることも可能ですが、今回はミキサーを使って制約条件を自動的に満たすようにします。

　ミキサーとして$\dfrac{X \otimes X + Y \otimes Y}{2}$を指定します。

　このミキサーは$\dfrac{1}{\sqrt{2}}(|\,01\rangle + |\,10\rangle)$が固有状態となります。

　この固有状態は図5-8のようにアダマールゲート、CNOTゲートとXゲートで作ることができます。

▼図5-8　ミキサーの初期状態を作る量子回路

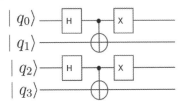

道s0から順番に「混雑度」を足し合わせます。ここで、混雑度はその道を使う自動車の数の2乗と定義します。例えば道s0は、car1の候補1、car1の候補2、car2の候補1が使います。それぞれの候補は量子ビットq_0, q_1, q_2に割り当てられているので、これらを足し合わせると、道s0を使う自動車の数が求まります。それを2乗した$(q_0 + q_1 + q_2)^2$が、s0の混雑度です。各経路ごとにどこの道を使っているかを以下の表にまとめます。

▼表5-2 各径路ごとの道利用の表

	s0	s1	s2	s3	s4	s5	s6	s7	s8	s9	s10	s11	s12
q0	○			○			○			○			
q1	○			○					○			○	
q2	○			○					○			○	
q3			○					○			○		

これを元に、各経路の混雑度を求めると

$$(q_0 + q_1 + q_2)^2 + q_3^2 + (q_0 + q_1 + q_2)^2 + q_0^2 + q_3^2 + (q_1 + q_2)^2$$
$$+ q_0^2 + q_3^2 + (q_1 + q_2 + q_3)^2$$
$$= 4q_0 + 4q_1 + 4q_2 + 4q_3 + 4q_0q_1 + 4q_0q_2 + 8q_1q_2 + 2q_1q_3 + 2q_2q_3$$

のようになります。途中、$q_i^2 = q_i$（q_iは0または1のため）という式変形を使っています。

4 実装をする

まずは、上での検討を元にQUBOを組み立てます。

```
from qiskit.optimization import QuadraticProgram

qubo = QuadraticProgram()
qubo.binary_var('q0')
qubo.binary_var('q1')
```

```
qubo.binary_var('q2')
qubo.binary_var('q3')
linear = {'q0': 4, 'q1': 4, 'q2': 4, 'q3': 4}
quadratic = {('q0', 'q1'): 4, ('q0', 'q2'): 4, ('q1', 'q2'): 8,
('q1', 'q3'): 2, ('q2', 'q3'): 2}
qubo.minimize(linear=linear, quadratic=quadratic)
print(qubo)
```

続いて、ミキサーと初期状態を作ります。初期状態は、状態ベクトルを自分で作ることもできますが、今回は初期状態を作る量子回路を動かすことで用意しました。

自動車 1 は q_0 と q_1 のいずれかの経路を通り、自動車 2 は q_2 と q_3 のいずれかの経路を通るようにしたいので、上述の $\dfrac{X \otimes X + Y \otimes Y}{2}$ とその固有状態を q_0、q_1 と、q_2 と q_3 にそれぞれ適用します。

```
from qiskit import Aer
from qiskit import QuantumCircuit, execute
from qiskit.aqua.operators import I, X, Y
from qiskit.aqua.components.initial_states import Custom

mixer = ((X^X^I^I)+(Y^Y^I^I))/2 + ((I^I^X^X) + (I^I^Y^Y))/2

initial_state_circuit = QuantumCircuit(4)
initial_state_circuit.h(0)
initial_state_circuit.cx(0, 1)
initial_state_circuit.x(0)
initial_state_circuit.h(2)
initial_state_circuit.cx(2, 3)
initial_state_circuit.x(2)
initial_state_vec = execute(initial_state_circuit, Aer.get_
backend('statevector_simulator')).result().get_statevector()
initial_state = Custom(4, state_vector=initial_state_vec)
```

そして、次のように QAOA を実行します。

```
from qiskit.optimization.algorithms import MinimumEigenOptimizer
from qiskit.aqua import QuantumInstance
from qiskit.aqua.algorithms import QAOA
```

```
quantum_instance = QuantumInstance(Aer.get_backend('statevector_
simulator'))
step = 1
qaoa_mes = QAOA(quantum_instance=quantum_instance, p=step,
initial_state=initial_state, mixer=mixer)
qaoa = MinimumEigenOptimizer(qaoa_mes)
qaoa_result = qaoa.solve(qubo)
print(qaoa_result)
```

すると、次のような結果が得られました。

```
optimal function value: 8.0
optimal value: [1. 0. 0. 1.]
status: SUCCESS
```

　q0とq3が選ばれているので、car1は経路1を、car2は経路2が選択されていること
がわかります。これは制約条件を満たしているもののうち、混雑の最も少ないルート
です。
　なお、もしミキサーを指定せずに実行したらどうなるでしょう。
　実際に試してみましょう。

```
quantum_instance = QuantumInstance(Aer.get_backend('statevector_
simulator'))
step = 1
qaoa_mes = QAOA(quantum_instance=quantum_instance, p=step)
qaoa = MinimumEigenOptimizer(qaoa_mes)
qaoa_result = qaoa.solve(qubo)
print(qaoa_result)
```

　ミキサーを指定せずに実行した結果、次のようになりました。

▼実行結果

```
optimal function value: 0.0
optimal value: [0. 0. 0. 0.]
status: SUCCESS
```

自動車が一台も走っていないと最も混雑が少ないという結果になりました。これは望んでいる答えではありません。「各自動車はどちらかの経路を必ず通る」という制約条件を満たす必要があります。制約条件を満たさなかった場合に値が大きくなるような「ペナルティ項」をQUBOに入れて定式化する方法もありますが、その場合、ペナルティ項の大きさを調整しなければ制約条件を破る形になったり、うまく最適化されなかったりします。一方でミキサーを使うと、そういった調整の手間がなくても、制約条件を満たした解を求めることができました。

5　最適化手法を指定する

　QAOAのような量子古典ハイブリッドアルゴリズムでは、期待値の計算を行い、パラメータを更新し、再度、期待値の計算を行い、パラメータを更新し、といったループを繰り返して、期待値が最も小さくなるパラメータを探索します。このパラメータ探索は古典の手法で行われています。何も指定しなければQiskitのデフォルトの最適化手法が利用されますが、明示的に指定することもできます。定式化はあっているはずなのにどうしても答えが合わないというとき、最適化手法を変えるとうまくいく場合もあります。

　最適化手法は qiskit.aqua.components.optimizers に様々なものが用意されています。これらは、Qiskitのドキュメントを読むとよいでしょう。

　例えばPowell法という最適化手法を使うには、次のコードを付け加えます。

```
from qiskit.aqua.components.optimizers import POWELL
optimizer = POWELL()
```

そしてQAOAのオブジェクトを作る際、

```
qaoa_mes = QAOA(quantum_instance=quantum_instance, p=step,
optimizer=optimizer)
```

のように、optimizerを指定します。

量子化学とVQE

　VQEは主に、量子化学の問題を解くことに使われます。量子化学とは、原子や分子を量子力学に基づいて理解し、それを化学に応用する分野です。その応用例の1つに、分子中の電子のエネルギーが最小となるような電子配置を求める問題があります。

　エネルギーが最小となる電子配置や、そのときのエネルギーがわかると、物質の性質や化学反応の理解につながり、学問的な価値があるのはもちろんですが、他にも、新素材や新薬の発見など産業的な価値につながります。そのため古典コンピュータでもこの計算は盛んに研究がされてきました。多数の電子を考えると計算量が膨大になるため、たくさんの近似を入れて計算量を抑えながら、場合によってはスーパーコンピュータを使って、このような量子化学計算が行われています。

　ところで、量子力学の仕組みに基づいて動作している量子コンピュータを使って、このような量子化学計算を行えないでしょうか。VQE（Variational Quantum Eigensolver）は、量子化学計算を行うための量子古典ハイブリッドアルゴリズムです。量子コンピュータ上に分子の電子状態を再現し、電子のエネルギーの期待値を計算し、期待値を最小化するような量子状態を求めます。残念ながら現在のところは、量子コンピュータを使っても、古典コンピュータでもすぐに計算ができるような非常に小さい分子しか答えが求まりませんが、この分野は産業への応用も効くため、精力的に研究が進められています。将来は、量子化学計算は量子コンピュータで行うのが当たり前の時代が来るかもしれません。

量子機械学習

本章では、量子計算を機械学習へ応用例について解説します。線形代数をベースとした量子計算は機械学習と相性が良いと考えられています。量子機械学習分野は、比較的新しくも大きな広がりを持ちます。その中でも、特に5章で扱ったようなPQC（パラメータ付き量子回路）をベースとした量子機械学習は、古典ニューラルネットワークと同じように、様々な機械学習的な問題に適用可能なフレームワークとしても機能します。フレームワークで行う量子機械学習の基礎となる例をコードによる実装を交えて紹介します。

01 量子機械学習

　本節では、本書で扱う量子機械学習の枠組みの背景と基本的な構成要素について紹介します。ここで扱う枠組みは量子機械学習と呼ばれる分野のほんの一部ですが、実問題への適用を考えた場合に比較的大きな汎用性を持つため、ぜひ考え方を身につけておきましょう。

1　量子古典ハイブリッド計算

　5章で説明した量子古典ハイブリッド計算では、基底状態を求めたいハミルトニアンをあらかじめ用意していました。ハミルトニアンの期待値が最小となるような状態を量子回路のパラメータ更新により探索することで、変分原理に基づき基底状態の固有値を求めます。

　この手法は、❶量子化学計算のようなハミルトニアンの基底状態の固有値自体に興味のある問題、❷組み合わせ最適化などハミルトニアンへの定式化手法が広く知られている問題、に適しています。

　ハミルトニアンは系のエネルギーに対応する物理量です。5章の量子古典ハイブリッド計算は、一般の最小化問題をハミルトニアンの期待値を最小化する問題に置き換えていると言えます。これは量子コンピュータの背景にある物理学より自然に得られた発想とも捉えられます。

　一方で、量子コンピュータが従来のコンピュータに対して持つ優位性を、一般の機械学習に活かした量子アルゴリズムが近年多く考案されています。それら量子コンピュータを用いた機械学習をここでは**量子機械学習**と呼び、5章のハミルトニアンの期待値最小化をベースとしたアルゴリズムとは分けて説明します。

　量子機械学習アルゴリズムも汎用アルゴリズムと量子古典ハイブリッドアルゴリズムの2種類に分けることができます。本書では量子古典ハイブリッドアルゴリズム、特に量子回路を用いた"教師あり学習"を基本的な例として解説します。まず、量子機械学習における教師あり学習で用いられる基本的な構成要素を確認します。次にそれら

を量子古典ハイブリッドアルゴリズムに落とし込む実例として、MNISTデータセットの分類を行います。

量子回路を用いた教師あり学習は、以下の要素で構成されています。

・入力データの量子状態へのエンコーディング
・学習用量子回路
・損失関数
・回路パラメータ更新

2 入力データの量子状態へのエンコーディング

我々の社会において機械学習で解決したい課題の多くは、入力データが古典状態によって表されています。しかし量子機械学習における入力は量子状態です。したがってこれらを量子回路に入力するためには、古典状態で表されたデータを量子状態にエンコードする必要があります。

エンコード手法には、大きく分けて**量子ビットエンコーディング**と**振幅エンコーディング**の2種類が存在します。

量子ビットエンコーディングは、入力された古典データ x を量子ビットの積状態を用いて表す方式です。最もシンプルな例を数式で表すと次式のとおりです。

$$x \in [0,1]^n, \quad x \longrightarrow \otimes_{i=1}^{n} \begin{pmatrix} \cos(x_i \pi/2) \\ \sin(x_i \pi/2) \end{pmatrix}$$

例としてバイナリ列 '1001' を入力データとして与えられた場合、下図のような量子ビットエンコーディング回路が考えられます。

▼図6-1　量子ビットエンコーディング例1

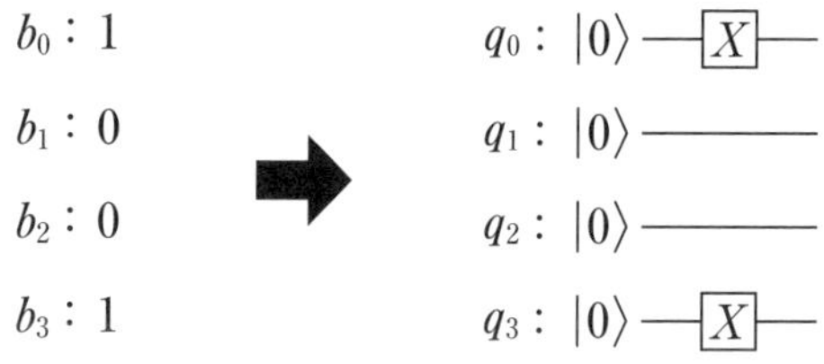

また入力データが $[0.5, 0.2, 0.4, 0.8]$ のような数値で与えられた場合は、RX (θ) ゲートなどの角度をパラメータに持つ回転ゲートを用いて下図のようなエンコーディング回路を考えることができます。

▼図6-2　量子ビットエンコーディング例2

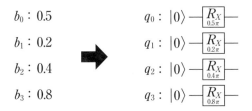

上記の量子ビットエンコーディングでは入力古典データをそれと同数の量子ビットへエンコードしています。しかし n 量子ビットは 2^n 次元の状態ベクトルで表されるため、古典ビットに対して指数関数的に多くの情報を保持できます。よって、古典データは量子ビットに効率的に埋め込むことができると考えるのが自然です。

振幅エンコーディングは、古典データを重ね合わせられた各量子状態の振幅へエンコードします。

$$\boldsymbol{x} \in [0, 1]^{2^n}, \quad \boldsymbol{x} \Rightarrow \sum_{i=0}^{2^n-1} x_i |i\rangle$$

例としてバイナリ列 '1001' は下図のように2量子ビットへエンコードされます。

▼図6-3　振幅エンコーディング例1

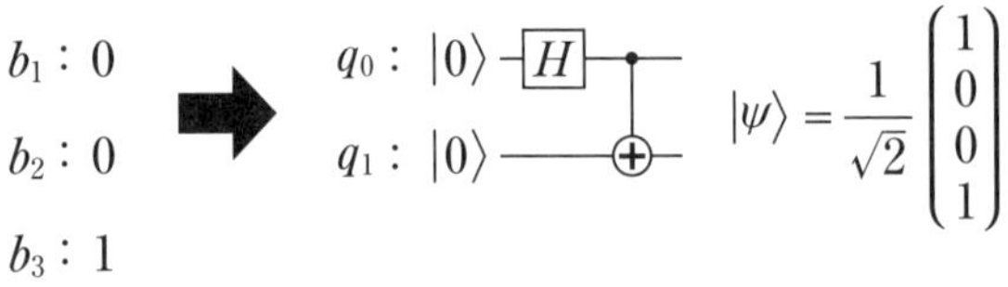

$b_0 : 1$
$b_1 : 0$
$b_2 : 0$
$b_3 : 1$

$q_0 : |0\rangle$ —$\boxed{H}$—•—
$q_1 : |0\rangle$ —⊕—

$|\psi\rangle = \dfrac{1}{\sqrt{2}} \begin{pmatrix} 1 \\ 0 \\ 0 \\ 1 \end{pmatrix}$

より一般的なデータ $[0.5, 0.2, 0.4, 0.8]$ も、下図のように適切に規格化し2量子ビットへエンコードすることが可能です。

▼図6-4　振幅エンコーディング例2

b_0：0.5

b_1：0.2 　　　　q_0：$|0\rangle$ ──┤ U ├── 　$|\psi\rangle = \dfrac{1}{\sqrt{0.5^2+0.2^2+0.4^2+0.8^2}}\begin{pmatrix}0.5\\0.2\\0.4\\0.8\end{pmatrix}$

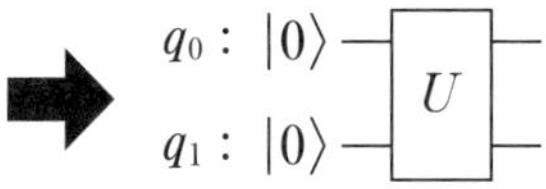

b_2：0.4 　　　　q_1：$|0\rangle$ ──┤ ├──

b_3：0.8

　上記の手法を拡張すると、振幅エンコーディングによってn要素の入力古典データを$\log_2 n$個の量子ビットにエンコードすることが可能です。

　一方、振幅エンコーディングの実装には以下のような課題があります。任意の入力古典データを量子状態にエンコードするためには、初期状態からエンコードされた量子状態へのユニタリ変換Uが実行可能でなければなりません。しかしこのような"任意の"Uを量子回路で実現するためには、量子ビット数nに関して指数関数的に大きな数の量子ゲートが必要なことがわかっています[1, 2]。よってこの手法は一般には、量子ゲート数の観点で非効率な方法となります。

3　学習用量子回路

　学習用量子回路は機械学習における学習用の**モデル**です。（古典）機械学習で用いられるニューラルネットワークに対応します。ニューラルネットワークで多様なモデルが考えられていることと同様に、様々な量子回路を考えることが可能です。一般的にはある程度シンプルな構造を持つ、量子ゲートの組み合わせからなる量子回路が用いられます。各量子ゲートは回転角パラメータθを持ち、これはニューラルネットワークにおける重みパラメータに対応します。

　量子ゲートによるユニタリ変換は線形演算です。一方、ニューラルネットワークの万能近似性において非線形レイヤーが大きな役割を持つことが知られています[3]。量子回路における非線形性の源は測定です。文献によっては測定を非線形レイヤーと位置づけ、量子ゲートによるユニタリ変換からなる線形変換レイヤーとの区別を明確にするものもあります[4]。

　学習用量子回路の出力は一般的に、標準基底における測定の期待値です。教師あり

学習における予測値は、量子回路の出力を（必要に応じて）古典計算で後処理した値として得られます。

　ニューラルネットワークでは、入力データに対するニューラルネットワークの出力が対応する教師データを正しく予測するよう、重みパラメータを更新する事で学習を行います。量子回路においては一般的に量子ゲートが持つ回転角パラメータを更新します。パラメータ更新手法については「5　回路パラメータ更新」にて説明します。

4　損失関数

　学習用量子回路の出力（測定によって得られた期待値）と、対応する教師データの値を変数とする損失関数を定義します。入力データ $\boldsymbol{x}$ 、量子ゲートの回転角パラメータ $\boldsymbol{\theta}$ を変数に持つ学習用量子回路の出力を $f(\boldsymbol{x}, \boldsymbol{\theta})$ とし、教師データを y とすると損失関数は次のように表されます。

$$\mathcal{L}(f(\boldsymbol{x}, \boldsymbol{\theta}), y)$$

　教師あり学習の目的は、すべての入力データおよび教師データについて損失関数の総和（平均）が最小となるようなパラメータ $\theta*$ を求めることです。

$$\boldsymbol{\theta}^* = \arg \min_{\boldsymbol{\theta}} \frac{1}{N} \sum_i^N \mathcal{L}(f(\boldsymbol{x}^{(i)}, \boldsymbol{\theta}), y^{(i)})$$

5　回路パラメータ更新

　ハミルトニアン期待値最小化をベースとした量子古典ハイブリッドアルゴリズムと同様に、損失関数の計算およびそれを最小とするようなパラメータ θ の探索は、量子回路の出力値に基づいて古典コンピュータによって行われます。探索に用いるアルゴリズムは、損失関数の勾配を用いるアルゴリズムと、勾配を用いないアルゴリズムに大きく分けられます。勾配を用いないアルゴリズムとしては**ベイズ最適化**[5]、**Nelder-Mead法**[6] などが挙げられます。

　勾配を用いるアルゴリズムでは、勾配降下法ベースの手法が近年の機械学習で大きな成功を収めており、量子機械学習においても盛んに応用されています。特にニュー

ラルネットワークの勾配計算では**誤差逆伝播法**が標準となっています。しかし、量子回路への誤差逆伝播法の適用には大きな障害があります。それは、量子計算は古典計算と異なり回路の中間点における量子状態を確認することができない点です。状態ベクトルとユニタリ行列 (＝量子ゲート) の内積計算において、ユニタリ行列要素への誤差逆伝播項の計算には状態ベクトルの値が必要となります。

　量子回路の勾配を求める基本的な方法として、**有限差分法**が挙げられます。パラメータ θ_i の微小変化について損失関数を評価することで、次式のように損失関数の θ_i についての偏微分を数値的に求めます ($\Delta\theta_i$ は θ_i に対応する成分のみ微小変化量 Δ を持ち他成分は0であるベクトルです)。

$$\frac{\partial\mathcal{L}}{\partial\theta_i} = \frac{L(\boldsymbol{\theta} + \Delta\theta_i) - L(\boldsymbol{\theta})}{\Delta}$$

　ただし実際の量子コンピュータにおいて、期待値は測定結果のサンプリングより得られるため、一定の分散を持ちます。パラメータ θ_i の微小変化における期待値の変化量に対し、期待値の分散が十分に小さくない場合、有限差分法によって勾配を得る事が難しくなります。

　そこで、量子回路の勾配を解析的に求める方法も考案されています。代表的な手法がパラメータシフト則 [7] を用いたものです。パラメトリックなユニタリ変換 U がパウリ積Pを用いて $U(\theta) = \exp(-\frac{i\theta}{2}P)$ と書ける場合、$|\psi\rangle = U|\psi_0\rangle$ における物理量 $\hat{A}$ の期待値 $\langle\hat{A}\rangle$ の θ における偏微分は $\frac{\partial\langle\hat{A}\rangle}{\partial\theta} = \frac{\langle\hat{A}\rangle_{\theta+\frac{\pi}{2}} - \langle\hat{A}\rangle_{\theta-\frac{\pi}{2}}}{2}$ と求めることができます。パラメータ θ をそれぞれ $\pm\frac{\pi}{2}$ だけシフトさせた量子回路の期待値より、期待値の θ についての偏微分を解析的に求めることができます。勾配の解析的な算出についてはさらに一般化された手法も提案されています [4]。

02 量子機械学習の実装例

本節では量子機械学習の実装例を紹介します。様々な言語による様々な実装が可能ですが、ここではQiskitを既存の機械学習用フレームワークと組み合わせて実装する方法を用います。

1 量子機械学習を用いたMNIST分類の実装

　以下では、量子機械学習を用いた**MNIST分類**の実装例を見ていきましょう。機械学習を実装するにあたり、Qiskitに加えて機械学習用Pythonライブラリ「PyTorch」[8]を用いました。Qiskitでコーディングされた量子回路部分を、PyTorchにおけるカスタムレイヤーとして定義することで、量子回路を含むモデルの学習を可能としています[9, 10]。

　まずはライブラリをインポートします。

```
import numpy as np
import matplotlib.pyplot as plt
import time
from copy import copy

import torch
from torch.autograd import Function
from torchvision import datasets, transforms
import torch.optim as optim
import torch.nn as nn
import torch.nn.functional as F

import qiskit
from qiskit.visualization import *
```

　次に学習用の訓練データを用意します。
　今回はMNISTデータから"0"と"1"のデータのみを抜き出し、二値判別としていま

す。訓練データの個数はそれぞれ100で合計200とし、バッチサイズは16とします。

```
# 学習用サンプルデータ
# MNISTから"0"と"1"を100サンプルずつ抜き出す
n_samples = 100

X_train = datasets.MNIST(root='./data', train=True, download=True,
                         transform=transforms.Compose([transforms.
ToTensor()]))

idx = np.append(np.where(X_train.targets == 0)[0][:n_samples],
                np.where(X_train.targets == 1)[0][:n_samples])

X_train.data = X_train.data[idx]
X_train.targets = X_train.targets[idx]

train_loader = torch.utils.data.DataLoader(X_train, batch_size=16,
shuffle=True)
```

　訓練データを画像で確認してみましょう。後に実装する学習モデルに合わせて、Average Poolingにより画像サイズを28×28から9×9に圧縮しています。

```
n_samples_show = 6

data_iter = iter(train_loader)
fig, axes = plt.subplots(nrows=1, ncols=n_samples_show,
figsize=(10, 3))

while n_samples_show > 0:
    images, targets = data_iter.__next__()
    images = (torch.nn.AvgPool2d(3)(images))
    axes[n_samples_show - 1].imshow(images[0][0].numpy(),
cmap='gray')
    axes[n_samples_show - 1].set_xticks([])
    axes[n_samples_show - 1].set_yticks([])
    axes[n_samples_show - 1].set_title("Labeled: {}".
format(targets[0].item()))

    n_samples_show -= 1
print(images.shape)
```

```
torch.Size([16, 1, 9, 9])
```

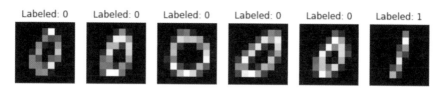

Labeled: 0　　Labeled: 0　　Labeled: 0　　Labeled: 0　　Labeled: 0　　Labeled: 1

同様にテストデータも用意します。

```
n_samples = 50

X_test = datasets.MNIST(root='./data', train=False, download=True,
                        transform=transforms.Compose([transforms.
ToTensor()]))

idx = np.append(np.where(X_test.targets == 0)[0][:n_samples],
                np.where(X_test.targets == 1)[0][:n_samples])

X_test.data = X_test.data[idx]
X_test.targets = X_test.targets[idx].float()

test_loader = torch.utils.data.DataLoader(X_test, batch_size=16,
shuffle=True)
```

次に、データのエンコードおよび学習用量子回路を実行するクラスを用意します。

```
class QMLCircuit:
    def __init__(self, n_qubits, backend):
        # 学習用量子回路の作成
        self._circuit = qiskit.QuantumCircuit(n_qubits, 1)
        self.n_params = 3 * (2 * n_qubits + 1)
        self.n_qubits = n_qubits
        self.all_qubits = [i for i in range(n_qubits)]
        self.params = [qiskit.circuit.Parameter('p{}'.format(i))
for i in range(self.n_params)]

        for qubit in self.all_qubits:
            self._circuit.u(self.params[3 * qubit],
                            self.params[3 * qubit + 1],
                            self.params[3 * qubit + 2], qubit)
        self._circuit.barrier()
```

```
        for qubit in self.all_qubits:
            control = qubit
            target = (qubit + 1) % n_qubits
            self._circuit.cu3(self.params[3 * n_qubits + 3 *
qubit],
                              self.params[3 * n_qubits + 3 * qubit
+ 1],
                              self.params[3 * n_qubits + 3 * qubit
+ 2],
                              control_qubit = control, target_qubit
= target)
        self._circuit.u(self.params[-3], self.params[-2], self.
params[-1], self.n_qubits - 1)

        # 本例では状態ベクトルより期待値を計算しているため、測定ゲートはコメントアウトして
います
        #self._circuit.measure(self.n_qubits - 1, 0)

        self.backend = backend

    def run(self, data, params):
        param_dict = {}
        params = tuple(params.detach().numpy())
        for i in range(self.n_params):
            param_dict[self.params[i]] = params[i]

        # データを振幅エンコーディングした量子回路を作成し、学習用量子回路と結合
        init_circ = qiskit.QuantumCircuit(self.n_qubits, 1)
        init_statevec = self.amplitude_embedding(data)
        init_circ.initialize(init_statevec, self.all_qubits)
        self._circuit = init_circ + self._circuit

        self.bound_circuit = self._circuit.bind_parameters(param_
dict)
        # 量子回路を実行
        job = qiskit.execute(self.bound_circuit,
                             self.backend, )

        # 状態ベクトルを取得し、期待値を計算
        outputstate = job.result().get_statevector(self.bound_
circuit)
        expectation = np.sum((np.abs(outputstate)**2)[2**(self.
n_qubits - 1):])

        return np.array([expectation])

    def amplitude_embedding(self, data):
```

```
        data = np.array(data, dtype = np.float)
        dim = 2 ** self.n_qubits
        if len(data) < dim:
            data = np.pad(data, (0, dim - len(data)), 'constant',
constant_values=(0, 0))
        if np.sum(data**2) == 0:
            data += 1
        vec = data / np.sqrt(np.sum(data ** 2))
        return vec
```

　量子回路の構造は[4]を参考としており、U3ゲートと制御U3ゲートより構成されます。回転角パラメータθと入力データは、量子回路の実行時に外部から与えられるようにしています。

　amplitude_embedding() 関数では、受け取ったデータの要素数が2の指数となるようゼロパディングし、規格化することで、振幅エンコーディング後の状態ベクトルの係数を出力しています。先に述べたように、任意の値について振幅エンコーディングを行う回路は、量子ビット数nに関して指数的に大きな数の量子ゲートを持ちます。よって本例では簡単のため、qiskit.QuantumCircuit.initialize() 関数を用いて振幅エンコード後の量子状態を直接用意しました。この関数は、量子回路を入力された任意の状態で初期化します。

　学習用量子回路の出力は、本例では状態ベクトルの値より直接計算しています。ただしここでの出力は、最上位量子ビットを測定した場合に測定値"1"が得られる確率としています。パウリZ演算子の測定における期待値の定義とは異なりますが、量子古典ハイブリッドアルゴリズムのように測定値の複数回サンプリングを前提とする場合、また今回のように出力として$[0, 1]$を得たい場合は、このような量を考えた方が扱いやすいためです。

　図6-6に本例で採用した学習用量子回路を示します（振幅エンコーディング部は除外しています）。実装では出力を状態ベクトルから計算しているため、測定ゲートはコメントアウトしています。

▼図6-6　学習用量子回路

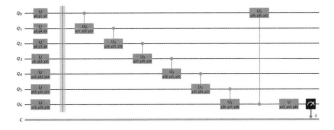

　作成した学習用量子回路のクラスを用いて、PyTorch におけるカスタムレイヤーを以下のように実装します。

```
class HybridFunction(Function):

    @staticmethod
    def forward(ctx, f, data, params):
        # 順伝播の計算
        def f_each(data, params):
            return torch.tensor([f(torch.flatten(d), params) for d
in data], dtype=torch.float64)
        expectation_z = f_each(data, params)
        ctx.save_for_backward(data, params, expectation_z)
        ctx.f = f_each
        return expectation_z

    @staticmethod
    def backward(ctx, grad_output):
        # 逆伝播の計算
        data, params, res = ctx.saved_tensors
        delta = 0.001
        gradients = []
        for i in range(len(params)):
            params[i] += delta
            gradient  = torch.sum((ctx.f(data, params) - res) /
delta * grad_output)
            params[i] -= delta
            gradients.append(gradient)
        return None, None, torch.Tensor(gradients), None

class Hybrid(nn.Module):
    # 量子回路レイヤーの定義
```

```
    def __init__(self, n_qubits, backend, shots):
        super(Hybrid, self).__init__()
        self.quantum_circuit = QMLCircuit(n_qubits, backend)

    def forward(self, data, params):
        def f(data, params):
            circ = copy(self.quantum_circuit)
            res = circ.run(data, params)
            return res
        return HybridFunction.apply(f, data, params)
```

これでQiskitで実装された量子回路をPyTorchにおけるレイヤーとして扱う準備
が整いました。以降はPyTorchの一般的な学習フローを実装していきます。

作成したカスタムレイヤーを用いて、PyTorchにおける学習用のモデルを実装しま
す。

```
class Net(nn.Module):
    def __init__(self, n_qubits, n_params):
        super(Net, self).__init__()
        self.hybrid = Hybrid(n_qubits, qiskit.Aer.get_
backend('statevector_simulator'), 1)
        self.weight = torch.nn.parameter.Parameter(torch.Tensor(n_
params))
        torch.nn.init.uniform_(self.weight, 0.0, 2 * np.pi)

    def forward(self, x):
        x = self.hybrid(x, self.weight)
        return x
```

最後にモデルを学習させましょう。パラメータの更新にはAdam Optimizerを、損
失関数には**平均二乗誤差 (MSE)** を用いています。

```
n_qubits = 7
n_params = 3 * (2 * n_qubits + 1)
model = Net(n_qubits, n_params)
optimizer = optim.Adam(model.parameters(), lr=0.02)
loss_func = nn.MSELoss()

epochs = 40
loss_list = []

model.train()
for epoch in range(epochs):
    total_loss = []
```

```
    for batch_idx, (data, target) in enumerate(train_loader):
        data = (torch.nn.AvgPool2d(3)(data)).float()
        optimizer.zero_grad()
        # モデルの出力
        output = model(data)
        # 損失関数の計算
        loss = loss_func(output.squeeze(), target.double())
        # 誤差逆伝播
        loss.backward()
        # パラメータ更新
        optimizer.step()
        total_loss.append(loss.item())
    loss_list.append(sum(total_loss)/len(total_loss))
    print('Training [{:.1f}%]\tLoss: {:.4f}'.format(
        100. * (epoch + 1) / epochs, loss_list[-1]))
```

▼実行結果例

```
Training [2.5%]     Loss: 0.2404
Training [5.0%]     Loss: 0.2132
Training [7.5%]     Loss: 0.1924
Training [10.0%]    Loss: 0.1798
Training [12.5%]    Loss: 0.1717
Training [15.0%]    Loss: 0.1618
Training [17.5%]    Loss: 0.1527
Training [20.0%]    Loss: 0.1438
Training [22.5%]    Loss: 0.1386
Training [25.0%]    Loss: 0.1340
Training [27.5%]    Loss: 0.1332
Training [30.0%]    Loss: 0.1310
Training [32.5%]    Loss: 0.1298
Training [35.0%]    Loss: 0.1274
Training [37.5%]    Loss: 0.1263
Training [40.0%]    Loss: 0.1248


~ 中略 ~


Training [90.0%]    Loss: 0.0921
Training [92.5%]    Loss: 0.0933
Training [95.0%]    Loss: 0.0939
Training [97.5%]    Loss: 0.0923
Training [100.0%]   Loss: 0.0921
```

続けて訓練における損失の変化をプロットします。

```
plt.plot(loss_list)
plt.title('Training Loss History')
plt.xlabel('Training Iterations')
plt.ylabel('MSE Loss')
```

▼実行結果

モデルの訓練において損失関数の値が減少し、学習が行われていることがわかります。最後に、学習済みモデルをテストデータにより評価しましょう。

```
model.eval()
with torch.no_grad():

    correct = 0
    n_sample = 0
    output_list = []
    target_list = []
    for batch_idx, (data, target) in enumerate(test_loader):
        data = (torch.nn.AvgPool2d(3)(data)).float()
        output = model(data)

        pred = (output > 0.5).squeeze().int()
        correct += torch.sum(pred == target).item()
        n_sample += len(target)

        output_list.append(output.squeeze())
        target_list.append(target.double())

    total_output = torch.cat(output_list)
```

```
    total_target = torch.cat(target_list)
    total_loss = loss_func(total_output, total_target)
    print('Performance on test data:\n\tLoss: {:.4f}\n\tAccuracy:
{:.1f}%'.format(
        total_loss.item(),
        correct / n_sample * 100)
        )
```

▼実行結果例

```
Performance on test data:
    Loss: 0.0803
    Accuracy: 100.0%
```

テストデータにおける損失は訓練時の損失よりもやや小さい値でした。過学習は生じておらず、より表現力の高いモデルを用意することでさらに損失を下げられる可能性を示唆しています。Accuracyの算出においては、正解が"1"の場合に量子回路の出力("1"が測定される確率)が閾値(しきいち)0.5を超える場合は正解、としています。ただしこれは非常に甘い基準です。実用においては量子回路出力のサンプリングにおける分散を考慮して、マージンを持った閾値を適用する必要があります。

本実装例は訓練のしやすさを優先し、量子回路出力をサンプリングからではなく状態ベクトルより計算としました。実際は有限回のサンプリングによって発生する誤差が勾配算出の妨げとなり、モデルの訓練がより難しくなります。

実装例に以下のような変更を加えることで、量子回路出力をサンプリングにより求めた場合の性能を確認することができます。余裕のある読者はぜひ試してみてください。

❶Qiskitのバックエンドを"statevector_simulator"から"qasm_simulator"に変更
❷クラス"QMLCircuit()"内の"run()"における実行結果処理を変更
❸shot数を設定
❹必要に応じて、クラス"HybridFunction()"内の"delta"を調整

memo

CHAPTER

7

これからの
量子コンピュータ

これまで具体的な量子コンピュータの利用の仕方を確認してきました。今後も中長期的に量子コンピュータの学習を続けていく場合、今後の量子コンピュータの方向性を確認し、どのような発展をしていくのかを把握することが大事になります。幸いにして、量子コンピュータのハードウェアの発展は、これから進む方向性が非常に明確です。

この章では、その方向性を確認し、世界中で進んでいる量子コンピュータの一般化の流れを確認し、継続的に量子コンピュータの学習を続けるための見通しを確認します。

01 発展するハードウェア とソフトウェア

現在、量子コンピュータの発展で最も大事なのはハードウェアの性能の向上です。ハードウェアの性能が向上すれば、実装できるソフトウェアの幅が広がります。ハードウェアの性能面で、今後一番大きく影響を与えるのが「量子誤り訂正」と呼ばれるエラーを訂正する仕組みの実装です。

1 汎用量子コンピュータの実現に向けて

　量子コンピュータには大きく分けて汎用量子アルゴリズムと量子古典ハイブリッドアルゴリズムの2種類がありました。今後はより汎用量子アルゴリズム利用の機運が高まっており、それに向けたハードウェアの発展が期待されています。具体的には、量子コンピュータのハードウェアは今後、**量子誤り訂正**と呼ばれるエラーを訂正する仕組みを実装することによる、汎用量子アルゴリズムを実行可能な環境の構築を1番の目的として開発が進みます。そのためには多くの量子ビットを必要とし、また複雑なソフトウェア処理を行う必要があります。これは大きな挑戦ですので、少しずつ発展することになるでしょう。

　汎用量子コンピュータの実現を目指すにしても、当面は量子古典ハイブリッド計算を利用する必要があります。今後10年は、汎用量子アルゴリズムと量子古典ハイブリッドアルゴリズムが混在する時代を過ごすことになると思われるため、両方を十分に学ぶ必要があります。現在、IBM社以外のハードウェアの開発も進んでいます。それらを見ても、基本的なソフトウェアの仕様や計算方法は今後も大きく変わることはない見通しです。ですので、基礎をきちんと学んだ上で、今後出現していくハードウェアやアルゴリズムに備えましょう。

2 今後の具体的な計画

　IBM社は、今後のハードウェア展開の方向性を明確に示しています。今後のハードウェアの発展とソフトウェアの発展に関してまとめてみたいと思います。

量子ビット数

　量子ビット数は数が多いほどより大きく、複雑な問題が解けます。そのため、IBM社の計画では量子ビット数の増加は最重要視されています。

　2020年現在は、65量子ビットが最大ですが、2021年には127量子ビットのチップのリリースが予定されています。

　また、2022年には433量子ビット、2023年には1121量子ビットが予定されています。量子ビットを順調に増やしていく計画となっています。

量子ビットの接続

　量子ビットの数と同時に接続方法も重要です。1つの量子ビットが、ほかの量子ビットとどのようにつながっているかによって、誤り訂正の難易度やアプリケーションの構築方法が変わります。基本的には1つの量子ビットからできるだけたくさんの量子ビットに接続しているのが理想的ですが、チップの平面上に量子ビットが配置されている制約から、IBM社では六角形の配置を拡張した、heavy hexagonと呼ばれる配置を採用しています。

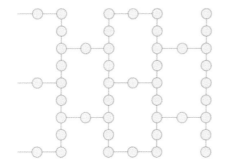

ソフトウェア

　ソフトウェアの発展は不明確です。これからどの分野が伸びていくのか、現状の技術である程度の見通しがあります。しかしながら、今後どのような分野が本当に伸びていくのかを予想するのは困難です。

7

これからの量子コンピュータ

IBM社の計画では、現時点で伸びている分野を中心として、今後ソフトウェアも伸びると予想しています。ソフトウェアとして期待される分野として、以下の4つがあります。

　　・自然科学
　　・最適化
　　・金融
　　・機械学習AI

　現状では、この分野に注目しつつ、新しいソフトウェア分野を開拓する流れが、今後強くなっていくと思われます。

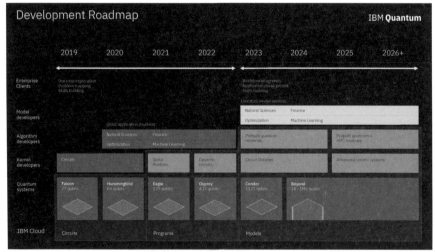

画像出典：日本IBM（オリジナル画像を白黒で使用）

02 パブリッククラウド利用と 量子コンピュータの一般化

量子コンピュータのハードウェアの完成はまだ先になるため、計算の活用は今後しばらくパブリッククラウドと呼ばれる、大多数のユーザーに対してコンピュータのリソースを貸し出す環境の上で運用され続けます。未完成の量子コンピュータのハードウェアを遠隔で活用し、並行してソフトウェアの探索を行うことができるようになりました。

1 誰でも使える量子コンピュータへ

ハードウェアは量子ビットの増加および汎用量子コンピュータの実現に向かって今後は進んでいきます。ソフトウェアもまたそれに合わせて社会問題に対しての応用を模索する必要性がますます高まっています。

量子コンピュータの本体は簡単に手元におけるような設計にはなっていません。研究室などで管理されており、インターネット上のクラウド経由での利用が想定されています。そのため当面は、パブリッククラウドと呼ばれるオンライン上のクラウドシステム上で大きなシステムを組み、私たちの手元のPCやスマートフォンからアクセスするでしょう。また、社会利用が進むにつれて既存のシステムとの統合やデータの利用が進むことが予想されます。既存のシステムがすでにパブリッククラウド上に実装されている場合には、それらのシステムとの統合も比較的容易に進めることができます。

すでに私たちはパブリッククラウド上で量子コンピュータを利用することができます。それにより量子計算の専門家だけでなく、これまで量子コンピュータを触ったことのない人たちも加わり、世界中で利用方法の模索を始めています。このような背景から、2020年代は分野・業界の活発化や異分野の技術の合流により、さらに急激な量子コンピュータの発展と普及が想定されます。ぜひ、この機会に量子コンピュータに親しんでみてください。

2 量子コンピュータと世界的なエコシステムとネットワーク

　量子コンピュータの発展は、単一の国で行われるわけではありません。量子コンピュータのハードウェアやソフトウェアの開発や活用は難易度が比較的高いので、世界的な取り組みがとても大事になります。世界的なエコシステムの構築が重要視され、世界中から大企業やスタートアップが技術を持ち寄り、大きなエコシステムやネットワークを構築しています。

　現在エコシステムの根幹を形成しつつあるのは、クラウドシステムを提供する巨大企業群で、パブリッククラウドが量子コンピュータのシステムの中心になりつつあります。

　ハードウェアはパブリッククラウドに統合され、そのうえでスタートアップや既存企業がソフトウェアを開発するというのが基本的な構造になりつつあります。

　オープンハードウェアというコンセプトで複数のハードウェアを選ぶことができ、オープンソフトウェアで複数のソフトウェアを実行できるという状況によって、一度作ったソフトウェアが将来にわたっていろいろなハードウェアで動くようなミドルウェアも発達しています。

　世界中の利用者が、好きなハードウェアやソフトウェアを選ぶことができるようになってきているので、自分の作ったソフトウェアが海外で利用されるということもあります。そのため、世界中で開発競争が過熱しており、様々なプレイヤーが競争に参加し、日々開発に切磋琢磨しています。

　2021年は中国発の量子コンピュータのニュースも話題になっています。これまでは米国中心で行われていた量子コンピュータのエコシステムやネットワーク構築ですが、いまでは世界的規模になっています。

　日本やヨーロッパ各国の動きも活発化しています。今後は世界の流れに注目しながら、世界に通用するようなソフトウェアの開発が期待されています。

量子コンピュータと金融事例

　量子コンピュータを利用した活用領域の探索は始まったばかりです。その中でも、具体的にアプリケーションやアルゴリズムをどのように、ビジネスに活用してくのかを確認してみましょう。

●企業の事例

　すでにグローバルな企業は、量子コンピュータを利用した金融事例に取り掛かっています。代表的なものを紹介したいと思います。

▼Barclays

　取引の最適化をQAOAでやってます。

・Quantum Algorithms for Mixed Binary Optimization applied to Transaction Settlement

　(https://arxiv.org/abs/1910.05788)

▼MUFG/みずほ

　モンテカルロ計算の評価部分に、量子フーリエ変換を利用しないものを使っています。

・Amplitude estimation without phase estimation

　(https://arxiv.org/abs/1904.10246)

▼JPmorgan Chase

　量子振幅推定でオプション取引の計算を実行しています。

・Option Pricing using Quantum Computers

　(https://arxiv.org/pdf/1905.02666.pdf)

▼Optimizing Quantum Search Using a Generalized Version of Grover's Algorithm

　グローバーのアルゴリズムの一般化を利用した検索の実行をしています。

　(https://arxiv.org/pdf/2005.06468.pdf)

▼Grover Adaptive Search for Constrained Polynomial Binary Optimization

グローバーアダプティブサーチを利用した最適化計算を行っています。
(https://arxiv.org/pdf/1912.04088.pdf)

●まとめ

　量子コンピュータの金融への応用は、まだ始まったばかりですが、すでに体系的に学ぶのは可能な状態です。IBM Quantumではチュートリアルも豊富なので、ぜひ挑戦してみてください。

画像出典：日本IBM（オリジナル画像を白黒で使用）

量子ボリューム

　量子コンピュータにもいくつかの方式があり、また、同じ方式でも各社が年々新しい量子コンピュータを開発していますが、これらの性能はどのようにして測ることができるでしょうか。

　量子ビット数を見るのは、性能を見る方法の1つといえますが、計算の誤りが多い現状において、量子ビット数だけを見るだけでは不十分です。そこで、量子コンピュータの性能指標の1つの**量子ボリューム**を紹介します。

　量子ボリュームは主にNISQの量子コンピュータに主眼を置いたベンチマーク指標で、多くの量子ビットでたくさんの量子ゲートを少ない誤りで動かすと大きな値を得られるように作られています。そのため、以下の**モデル回路**を考え、これを量子コンピュータで動かしやすいように自由に変換します。

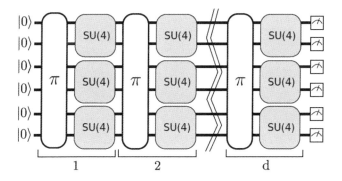

出典：Andrew W. Cross, Lev S. Bishop, Sarah Sheldon, Paul D. Nation, and Jay M. Gambetta, https://arxiv.org/pdf/1811.12926.pdf より引用

π　　　：ランダムな量子ビットの入れ替え

SU（4）：2つの量子ビットをいくつかの1量子ビットゲートとCNOTゲートから作れるランダム
　　　　な2量子ビットゲート

　モデル回路が誤りなしの理想的な状態で動くと仮定します。

　これを測定して得られるビット列は、通常は1通りにはならず、確率的に様々な
状態が出ますが、それぞれ得られる確率は異なります。そこで、各状態を得られる
確率が高い順にソートし、ちょうど半分のところで「出やすい状態」と「出にくい
状態」とに分けます。このようにすると、量子ビットの数やモデル回路の長さが十
分に大きければ、理論上は0.85の確率で「出やすい状態」が出ることになります。

　また、もしモデル回路に誤りがあまりに多く、実質、完全にランダムなビット列
しか得られないのであれば、「出やすい状態」が得られる確率は0.5になります。つ
まり、誤りがあるけれど完全にランダムになるほどには誤りが多くない場合、「出
やすい状態」が得られる確率は0.5よりは高く、0.85よりは低いと考えられます。

　モデル回路の量子ビット数が多いほど、また、モデル回路の長さが長いほど、誤
りは増えますので、それらが増えるほど「出やすい状態」が得られる確率は下がり、
逆に減るほど得られる確率は上がります。そこで、得られる確率がギリギリ2/3を
超えるように量子ビットの数とモデル回路の長さを増やしていくことを考えます。

　n量子ビットでモデル回路のπの箇所とSU（4）の箇所の組み合わせをn層つな
いだモデル回路を動かして、確率が2/3を超えるとき、量子ボリュームを2^nと定
義します。正確には、量子ビット数とモデル回路の層の数は違っていても構いませ
んが、どちらか小さい方の数で量子ボリュームを計算します。つまり、量子ビット
数とモデル回路の層の数の両方を増やさないと量子ボリュームを高くすることは
できません。

　超伝導型量子コンピュータのハードウェアを開発するIBMは量子ボリュームを
年々2倍にすることを宣言しており、2020年11月現在、IBMが発表している最
大の量子ボリュームは64です。これは2^6なので、6量子ビット、6層のモデル回
路で、上述の問題が2/3の確率で解けることを示しています。この記録は、IBMの
持つ27量子ビットのマシンで得られたもので、また、IBM自身は53量子ビット
のマシンも持っていますから、超伝導型の量子コンピュータは量子ビット数は多い
ものの、誤りが多く、すべての量子ビットをフルに使いこなすことは難しいことが

わかります。

　また、イオントラップ型量子コンピュータを開発するIonQは、次世代機は32量子ビットで量子ボリュームが400万を超えると期待される、と発表しています。これはすでに達成したものではなく、あくまで今後の見通しですが、それでも超伝導型と比べてイオントラップ型は誤りが非常に少ないといえるでしょう。400万というのはおおよそ2の22乗ですので、22量子ビット、22層のモデル回路で問題が解けるものと思われます。イオントラップ型は量子ビット数は超伝導型と比べると少なく、また、一つひとつのゲート操作は超伝導型と比べると遅いのですが、誤りは少なく、量子ボリュームという指標で見ると、非常に有力な選択肢といえそうです。

画像出典：日本IBM（オリジナル画像を白黒で使用）

テンソルネットワークと量子コンピュータ

　量子コンピュータの研究は量子計算技術を発展させるだけではなく、ときに古典コンピュータによる計算手法の発展につながる場合があります。そのような量子計算技術に着想を得た古典計算手法は、**量子インスパイア**などと呼ばれることがあります。すでに有名な例としては量子アニーリング技術から着想を得たCMOSアニーリングがあります。

　テンソルネットワークと呼ばれる手法もまた、量子計算と関係の深い古典計算手法として近年注目が増しています。ここでの「テンソル」とは多次元配列とし、$A_{i_1 i_2 \ldots i_r}$といった形で表します。

　テンソル同士には「縮約」と呼ばれる演算が定義されます。これは行列積の一般化と見ることができます。

　まず、行列積は次式のように表されます。

$$\sum_j A_{ij} B_{jk} = (AB)_{ik}$$

　これはAの行（2番目の次元）と、Bの列（1番目の次元）との間の縮約演算と同じです。縮約演算においては、例えばAの列（1番目の次元）とBの列（1番目の次元）との間での縮約を行うことができます。

$$\sum_i A_{ij} B_{ik} = (AB)_{jk}$$

　テンソルネットワークとは、複数のテンソル同士のネットワーク構造を指します。テンソルはネットワークにおけるノードにあたり、縮約が行われるノード同士はエッジで接続されます。各テンソルが持つ次元の数だけ縮約を行うことが可能なので、r次元のテンソルはr本のエッジを持ちます。

　テンソルネットワークを用いると、情報を効率的に圧縮して保持できます。そのための具体的な手法は様々あり、それらの基礎となる考え方の1つが特異値分解（Singular Value Decomposition: SVD）の活用です。SVDによって、ある行列Aは次にようにユニタリ行列U, Vと対角行列Sへと分解することができます。

$$A = U \times S \times V^T$$

S の対角要素は0以上の値をとります。ここで十分に小さな対角要素については、0としてしまっても$U \times S \times V^T$の計算結果への影響は小さいといえます。よって、ある一定の閾値 (しきいち) 以下の対角要素に対応する行および列を削除することで、よりサイズの小さい$\tilde{U}, \tilde{S}, \tilde{V}$ を用いて行列 A を一定の精度で近似することができます。

このように、SVDを用いることで元の行列が持つ情報をより少ない数のパラメータへと効率よく圧縮することができます。

例えば、次のように2つの行列の積をノードとエッジで表したネットワークを考えましょう。正方形ノードは行列 (テンソル) を、エッジは縮約を表します。

まず2つの行列の積 (縮約) を計算します。その結果、2つのノードは1つに合成されます。

次に、この行列に対してSVDを行うと、次のように3つのノードに分かれます。ひし形ノードは対角行列を表します。

ここで、対角行列の値の小さな要素に対応する次元を削減することができます。

最後に、ひし形ノードと左右どちらかのノードとの積 (縮約) をとり、合成すると最初の形に戻ります。ただし、少ないパラメータ数で元々ネットワークが持っていた情報をより効率よく保持しています。

以上のような操作を繰り返すことで、テンソルネットワークは少ないパラメータ数で情報を効率良く保持することが可能です。

量子物理系を古典コンピュータで計算する上で課題となるのは、量子ビット数に対して指数的に大きな次元で表される量子状態を保持するためのメモリの確保です。しかし私たちが扱う量子状態というのは、実はテンソルネットワークを用いてより少ない次元・パラメータ数に圧縮して表現可能な場合が多いのです。

　テンソルネットワークと量子技術の関わりの例として、量子多体系と呼ばれる系を古典計算で効率的に扱うためにテンソルネットワークが用いられます [1]。

　また、テンソルネットワークを用いて量子コンピュータのより効率的な古典シミュレータを構築した研究も行われています [2]（ここでの「効率的」とは、あくまで他の古典計算手法と比較して「効率的」に量子系を扱えるという意味で、「量子計算が特定の問題において古典計算より＜効率的＞」という議論とは文脈が異なることにご注意ください）。

　上記の2例は、共に実際の量子系の古典シミュレーションにテンソルネットワークを用いています。

　一方で、量子系を効率的にシミュレート可能なテンソルネットワークが機械学習の文脈で言うと高い「表現力」を持ちうることに着目し、これをそのまま機械学習に応用する研究もされています。

　一例として [3] はテンソルネットワークを教師あり学習の分類問題に適用する手法を紹介しており、実際にMNISTにおいて test accuracy ＞ 99%を示しています。

　量子コンピュータ研究の副産物ともいえるこうした手法の発展を実社会へ活かす方法を探ることは、それ自体が利益になると共に、長期的に見た量子コンピュータの発展に寄与する可能性があります。

[1] https://arxiv.org/abs/1008.3477

[2] https://arxiv.org/abs/1805.01450

[3] https://papers.nips.cc/paper/6211-supervised-learning-with-tensor-networks

memo

量子回路作成に使用する、基本的な量子ゲートの一覧表です。

「メソッド名」とは、QiskitのQuantumCircuitクラスに各量子ゲートを追加するためのメソッド名です。

「行列表現」は各量子ゲートのユニタリ行列表現を示しています。

「量子回路図上の表記」は、Qiskit で描画（QuantumCircuit.draw('mpl')）した量子回路図上での表記を示しています。

量子ゲート名	メソッド名	行列表現	量子回路図上の表記
Xゲート	x(qubit)	$\begin{pmatrix} 0 & 1 \\ 1 & 0 \end{pmatrix}$	X
Yゲート	y(qubit)	$\begin{pmatrix} 0 & -i \\ i & 0 \end{pmatrix}$	Y
Zゲート	z(qubit)	$\begin{pmatrix} 1 & 0 \\ 0 & -1 \end{pmatrix}$	Z
Hゲート	h(qubit)	$\frac{1}{\sqrt{2}}\begin{pmatrix} 1 & 1 \\ 1 & -1 \end{pmatrix}$	H
Sゲート	s(qubit)	$\begin{pmatrix} 1 & 0 \\ 0 & i \end{pmatrix}$	S
Sdgゲート	sdg(qubit)	$\begin{pmatrix} 1 & 0 \\ 0 & -i \end{pmatrix}$	S†
SXゲート	sx(qubit)	$\frac{1}{2}\begin{pmatrix} 1+i & 1-i \\ 1-i & 1+i \end{pmatrix}$	$\sqrt{X}$

量子ゲート名	メソッド名	行列表現	量子回路図上の表記
Tゲート	t(qubit)	$\begin{pmatrix} 1 & 0 \\ 0 & e^{i\pi/4} \end{pmatrix}$	T
Tdgゲート	tdg(qubit)	$\begin{pmatrix} 1 & 0 \\ 0 & e^{-i\pi/4} \end{pmatrix}$	$T^{\dagger}$
RXゲート	rx(theta, qubit)	$\begin{pmatrix} \cos\frac{\theta}{2} & -i\sin\frac{\theta}{2} \\ -i\sin\frac{\theta}{2} & \cos\frac{\theta}{2} \end{pmatrix}$	R_X θ
RYゲート	ry(theta, qubit)	$\begin{pmatrix} \cos\frac{\theta}{2} & -\sin\frac{\theta}{2} \\ \sin\frac{\theta}{2} & \cos\frac{\theta}{2} \end{pmatrix}$	R_Y θ
RZゲート	rz(theta, qubit)	$\begin{pmatrix} e^{-i\theta/2} & 0 \\ 0 & e^{i\theta/2} \end{pmatrix}$	R_Z θ
U1ゲート	u1(theta, qubit)、p(theta, qubit)	$\begin{pmatrix} 1 & 0 \\ 0 & e^{i\theta} \end{pmatrix}$	U_1 θ
U2ゲート	u2(phi, lambda, qubit)	$\frac{1}{\sqrt{2}}\begin{pmatrix} 1 & -e^{i\lambda} \\ e^{i\phi} & e^{i(\phi+\lambda)} \end{pmatrix}$	U_2 φ, λ
U3ゲート	u(theta, phi, lambda, qubit)	$\begin{pmatrix} \cos\frac{\theta}{2} & -e^{i\lambda}\sin\frac{\theta}{2} \\ e^{i\phi}\sin\frac{\theta}{2} & e^{i(\phi+\lambda)}\cos\frac{\theta}{2} \end{pmatrix}$	U θ, φ, λ
CNOTゲート（CXゲート）	cx(control, target)	$\begin{pmatrix} 1 & 0 & 0 & 0 \\ 0 & 1 & 0 & 0 \\ 0 & 0 & 0 & 1 \\ 0 & 0 & 1 & 0 \end{pmatrix}$	
CYゲート	cy(control, target)	$\begin{pmatrix} 1 & 0 & 0 & 0 \\ 0 & 0 & 0 & -i \\ 0 & 0 & 1 & 0 \\ 0 & i & 0 & 0 \end{pmatrix}$	Y
CZゲート	cz(control, target)	$\begin{pmatrix} 1 & 0 & 0 & 0 \\ 0 & 1 & 0 & 0 \\ 0 & 0 & 1 & 0 \\ 0 & 0 & 0 & -1 \end{pmatrix}$	

量子ゲート名	メソッド名	行列表現	量子回路図上の表記
CHゲート	ch(theta, control, target)	$\begin{pmatrix} 1 & 0 & 0 & 0 \\ 0 & 1 & 0 & 0 \\ 0 & 0 & \frac{1}{\sqrt{2}} & \frac{1}{\sqrt{2}} \\ 0 & 0 & \frac{1}{\sqrt{2}} & -\frac{1}{\sqrt{2}} \end{pmatrix}$	H
CSXゲート	csx(control, target)	$\begin{pmatrix} 1 & 0 & 0 & 0 \\ 0 & 1 & 0 & 0 \\ 0 & 0 & \frac{1+i}{2} & \frac{1-i}{2} \\ 0 & 0 & \frac{1-i}{2} & \frac{1+i}{2} \end{pmatrix}$	$\sqrt{X}$
CRXゲート	crx(theta, control, target)	$\begin{pmatrix} 1 & 0 & 0 & 0 \\ 0 & 1 & 0 & 0 \\ 0 & 0 & \cos\frac{\theta}{2} & -i\sin\frac{\theta}{2} \\ 0 & 0 & -i\sin\frac{\theta}{2} & \cos\frac{\theta}{2} \end{pmatrix}$	R_X θ
CRYゲート	cry(theta, control, target)	$\begin{pmatrix} 1 & 0 & 0 & 0 \\ 0 & 1 & 0 & 0 \\ 0 & 0 & \cos\frac{\theta}{2} & -\sin\frac{\theta}{2} \\ 0 & 0 & \sin\frac{\theta}{2} & \cos\frac{\theta}{2} \end{pmatrix}$	R_Y θ
CRZゲート	crz(theta, control, target)	$\begin{pmatrix} 1 & 0 & 0 & 0 \\ 0 & 1 & 0 & 0 \\ 0 & 0 & e^{-i\lambda/2} & 0 \\ 0 & 0 & 0 & e^{i\lambda/2} \end{pmatrix}$	R_Z θ
CPゲート	cp(theta, control, target)	$\begin{pmatrix} 1 & 0 & 0 & 0 \\ 0 & 1 & 0 & 0 \\ 0 & 0 & 1 & 0 \\ 0 & 0 & 0 & e^{i\lambda} \end{pmatrix}$	P θ
CUゲート	cu(theta, phi, lambda, gamma, control, target)	$\begin{pmatrix} 1 & 0 & 0 & 0 \\ 0 & 1 & 0 & 0 \\ 0 & 0 & e^{i\gamma}\cos\frac{\theta}{2} & -e^{i(\gamma+\lambda)}\sin\frac{\theta}{2} \\ 0 & 0 & e^{i(\gamma+\phi)}\sin\frac{\theta}{2} & e^{i(\gamma+\phi+\lambda)}\cos\frac{\theta}{2} \end{pmatrix}$	U $\theta, \varphi, \lambda, \gamma$
RXXゲート	rxx(theta, qubit1, qubit2)	$\begin{pmatrix} \cos\frac{\theta}{2} & 0 & 0 & -i\sin\frac{\theta}{2} \\ 0 & \cos\frac{\theta}{2} & -i\sin\frac{\theta}{2} & 0 \\ 0 & -i\sin\frac{\theta}{2} & \cos\frac{\theta}{2} & 0 \\ -i\sin\frac{\theta}{2} & 0 & 0 & \cos\frac{\theta}{2} \end{pmatrix}$	0 R_{XX} θ 1

量子ゲート名	メソッド名	行列表現	量子回路図上の表記
RYYゲート	ryy(theta, qubit1, qubit2)	$\begin{pmatrix} \cos\frac{\theta}{2} & 0 & 0 & i\sin\frac{\theta}{2} \\ 0 & \cos\frac{\theta}{2} & -i\sin\frac{\theta}{2} & 0 \\ 0 & -i\sin\frac{\theta}{2} & \cos\frac{\theta}{2} & 0 \\ i\sin\frac{\theta}{2} & 0 & 0 & \cos\frac{\theta}{2} \end{pmatrix}$	
RZZゲート	rzz(theta, qubit1, qubit2)	$\begin{pmatrix} e^{-i\frac{\theta}{2}} & 0 & 0 & 0 \\ 0 & e^{i\frac{\theta}{2}} & 0 & 0 \\ 0 & 0 & e^{i\frac{\theta}{2}} & 0 \\ 0 & 0 & 0 & e^{-i\frac{\theta}{2}} \end{pmatrix}$	
SWAP ゲート	swap(qubit1, qubit2)	$\begin{pmatrix} 1 & 0 & 0 & 0 \\ 0 & 0 & 1 & 0 \\ 0 & 1 & 0 & 0 \\ 0 & 0 & 0 & 1 \end{pmatrix}$	
iSWAP ゲート	iswap(qubit1, qubit2)	$\begin{pmatrix} 1 & 0 & 0 & 0 \\ 0 & 0 & i & 0 \\ 0 & i & 0 & 0 \\ 0 & 0 & 0 & 1 \end{pmatrix}$	
CCXゲート（トフォリゲート）	ccx(control1, control2, target)	$\begin{pmatrix} 1 & 0 & 0 & 0 & 0 & 0 & 0 & 0 \\ 0 & 1 & 0 & 0 & 0 & 0 & 0 & 0 \\ 0 & 0 & 1 & 0 & 0 & 0 & 0 & 0 \\ 0 & 0 & 0 & 1 & 0 & 0 & 0 & 0 \\ 0 & 0 & 0 & 0 & 1 & 0 & 0 & 0 \\ 0 & 0 & 0 & 0 & 0 & 1 & 0 & 0 \\ 0 & 0 & 0 & 0 & 0 & 0 & 0 & 1 \\ 0 & 0 & 0 & 0 & 0 & 0 & 1 & 0 \end{pmatrix}$	
CSWAP ゲート	ccx(control, qubit1, qubit2)	$\begin{pmatrix} 1 & 0 & 0 & 0 & 0 & 0 & 0 & 0 \\ 0 & 1 & 0 & 0 & 0 & 0 & 0 & 0 \\ 0 & 0 & 1 & 0 & 0 & 0 & 0 & 0 \\ 0 & 0 & 0 & 1 & 0 & 0 & 0 & 0 \\ 0 & 0 & 0 & 0 & 1 & 0 & 0 & 0 \\ 0 & 0 & 0 & 0 & 0 & 0 & 1 & 0 \\ 0 & 0 & 0 & 0 & 0 & 1 & 0 & 0 \\ 0 & 0 & 0 & 0 & 0 & 0 & 0 & 1 \end{pmatrix}$	

A

量子ゲート一覧表

参考文献など

2章

Michael A. Nielsen、Isaac L Chuang、木村達也 訳、『量子コンピュータと量子通信 I 』、オーム社、2004年

3章

[1] https://qiskit.org/documentation/install.html

[2] https://quantum-computing.ibm.com/docs/

[3] https://docs.anaconda.com/anaconda/install/

4章

[1] Vedral, Vlatko, Adriano Barenco, and Artur Ekert. "Quantum networks for elementary arithmetic operations." Physical Review A 54.1 (1996) : 147.

[2] Beauregard, Stephane. "Circuit for Shor's algorithm using 2n+ 3 qubits." arXiv preprint quant-ph/0205095 (2002) .

[3] Michael A. Nielsen・Issac L. Chuang, "Quantum Computation and Quantum Information", United Kingdom at the University Press Cambridge (2000) .

[4] 砂川 重信、『量子力学』、岩波書店 (1991) .

[5] 嶋田 義皓、『量子コンピューティング：基本アルゴリズムから量子機械学習まで』、オーム社 (2020) .

[6] 石坂 智、小川 朋宏、河内 亮周、木村 元、林 正人,『量子情報科学入門』, 共立出版 (2012) .

[7] Aram W. Harrow, Avinatan Hassidim, Seth Lloyd, "Quantum Algorithm for Linear Systems of Equations", Physical Review Letters 103 150502 (2009) .

[8] Grover, Lov K., "A fast quantum mechanical algorithm for database search", Proceedings of the 28th Annual ACM Symposium on Theory of Computing (1996) , 212-218.

[9] Gilles Brassard, Peter Høyer, Michele Mosca, Alain Tapp, "Quantum amplitude amplification and estimation", Contemporary Mathematics Series Millenium Volume (2002) , 305, 53-74.

[10] 宇野 隼平、『量子コンピュータを用いた高速数値積分』、みずほ情報総研技報 Vol.10 No.1 (2019)、https://www.mizuho-ir.co.jp/publication/giho/pdf/010_01.pdf.

また量子アルゴリズムの実装についてQiskitの公式ドキュメント (https://qiskit.org/textbook/preface.html) を参考としています。

6章

[1]Kliesch, Martin, et al. "Dissipative quantum church-turing theorem." Physical review letters 107.12 (2011) : 120501.

[2]Plesch, Martin, and Časlav Brukner. "Quantum-state preparation with universal gate decompositions." Physical Review A 83.3 (2011) : 032302.

[3]Cybenko, George. "Approximation by superpositions of a sigmoidal function." Mathematics of control, signals and systems 2.4 (1989) : 303-314.

[4]Schuld, Maria, et al. "Circuit-centric quantum classifiers." Physical Review A 101.3 (2020) : 032308.

[5]Frazier, Peter I. "A tutorial on bayesian optimization." arXiv preprint arXiv:1807.02811 (2018).

[6]Nelder, John A., and Roger Mead. "A simplex method for function minimization." The computer journal 7.4 (1965) : 308-313.

[7]Mitarai, Kosuke, et al. "Quantum circuit learning." Physical Review A 98.3 (2018) : 032309.

[8]https://pytorch.org/

[9]https://pytorch.org/docs/stable/notes/extending.html

[10]https://qiskit.org/textbook/ch-machine-learning/machine-learning-qiskit-pytorch.html

索引

■著者プロフィール

湊雄一郎（1,7章を執筆）

東京大学工学部卒業。隈研吾建築都市設計事務所を経て、2008年にMDR（現blueqat）株式会社設立。

総務省異能vation最終採択。内閣府ImPACTPM補佐。文科省さきがけ領域アドバイザー。

比嘉恵一朗（2章,4章11節〜15節を執筆）

DEVEL代表。

2019年に九州大学理学部数学科卒業し、現在は九州大学大学院数理学府数理学を専攻する。専門は表現論、量子アルゴリズムである。

永井隆太郎（3章,4章1節〜10節,6章を執筆）

早稲田大学物理学及応用物理学科専攻修士課程修了。

半導体メーカーにて4年間勤務後、blueqat株式会社に入社し、現在に至る。

加藤拓己（5章を執筆）

東北大学工学部、同大学院工学研究科（修士）卒業。

スチールプランテック株式会社、アララ株式会社を経て、2018年、blueqat株式会社に入社、現在に至る。

Pythonの量子コンピューティング ライブラリ「blueqat」の主要開発者。

IPA未踏ターゲット事業2020年度採択者。

■協力　日本IBM
（カバー写真、本文写真、および開発環境画面）

IBM Quantumで学ぶ
量子コンピュータ

| 発行日 | 2021年　3月10日 | 第1版第1刷 |
| 発行日 | 2022年　9月15日 | 第1版第2刷 |

| 著　者 | 湊雄一郎／比嘉恵一朗／永井隆太郎／
加藤拓己 |

| 発行者 | 斉藤　和邦 |
| 発行所 | 株式会社　秀和システム |

〒135-0016
東京都江東区東陽2-4-2　新宮ビル2F
Tel 03-6264-3105（販売）Fax 03-6264-3094

| 印刷所 | 三松堂印刷株式会社 | Printed in Japan |

ISBN978-4-7980-6280-8 C3055